从新手到高手

Premiere Pro

2022 从新手到高手

刘纬 / 编著

U0252285

清华大学出版社
北京

内 容 简 介

本书是为 Premiere Pro 2022 初学者量身定做的一本实用型案例教程。通过本书，读者不但可以系统、全面地学习 Premiere Pro 2022 的基本概念和操作，还可以通过大量精美范例拓展设计思路，积累实战经验。

本书共 11 章，从基本的 Premiere Pro 2022 工作界面介绍开始，逐步深入地讲解软件的基本操作、素材剪辑、特效应用、关键帧动画、叠加与抠像、视频调色、字幕添加、音频处理等核心功能及操作，最后通过两个大型实例综合演练前面所学知识。

本书内容丰富，讲解深入，不但适合 Premiere Pro 零基础读者学习，也适合作为大中专院校和培训机构相关专业的教材，同时适用于广大视频编辑爱好者、影视动画制作者、影视编辑从业人员进行参考学习。

图书在版编目(CIP)数据

Premiere Pro 2022 从新手到高手 / 刘纬编著 . —北京：清华大学出版社，2022.8 (2023.12重印)
（从新手到高手）
ISBN 978-7-302-61371-8

Ⅰ . ① P⋯ Ⅱ . ①刘⋯ Ⅲ . ①视频编辑软件 Ⅳ . ① TP317.53

中国版本图书馆 CIP 数据核字 (2022) 第 124621 号

责任编辑：陈绿春
封面设计：潘国文
版式设计：方加青
责任校对：徐俊伟
责任印制：丛怀宇

出版发行：清华大学出版社
　　网　　址：https://www.tup.com.cn，https://www.wqxuetang.com
　　地　　址：北京清华大学学研大厦 A 座　　　　　邮　编：100084
　　社 总 机：010-83470000　　　　　　　　　　邮　购：010-62786544
　　投稿与读者服务：010-62776969，c-service@tup.tsinghua.edu.cn
　　质 量 反 馈：010-62772015，zhiliang@tup.tsinghua.edu.cn
印 装 者：三河市铭诚印务有限公司
经　　销：全国新华书店
开　　本：188mm×260mm　　　印　张：14　　　字　数：458 千字
版　　次：2022 年 9 月第 1 版　　　印　次：2023 年 12 月第 2 次印刷
定　　价：79.00 元

产品编号：096156-01

前言 PREFACE

Premiere Pro 2022是Adobe公司推出的一款专业且功能强大的优秀视频编辑软件，该软件为用户提供了素材采集、剪辑、调色、特效、字幕、输出等一整套流程，编辑方式简便实用，广泛应用于电视节目制作、自媒体视频制作、广告制作、视觉创意等领域。

一、编写目的

基于Premiere Pro 2022软件强大的视频处理能力，编者力图编写一本全方位介绍Premiere Pro软件操作方法与使用技巧的工具书。本书以"基础知识+功能详解＋实战操作"的形式展开，在详细讲解软件基本操作的同时，鼓励读者动手制作，以边学边做的形式逐步掌握软件各项功能的使用。

二、本书内容安排

本书是一本全面且系统讲解Premiere Pro 2022软件的专业教材，全书共11章内容，为读者精心安排了众多极具针对性和实用性的案例，除了介绍Premiere Pro 2022的各项入门操作，还囊括了实用性极强的行业视频实例。本书内容丰富，涵盖面广，内容通俗易懂，能让初学者快速领悟技术操作要点，轻松掌握Premiere Pro 2022软件的使用技巧和具体应用；让有一定基础的读者高效掌握重点和难点，快速提升视频编辑制作的技能。

本书内容安排如下。

章　名	内 容 安 排
第1章　视频编辑的基础知识	主要介绍视频编辑工作的入门知识，包括视频编辑工作中常见的专业术语、电视制式、常用视音频格式、非线性编辑详解等内容
第2章　Premiere Pro 2022基本操作	主要介绍Premiere Pro 2022软件的一些入门操作和知识点，包括安装运行环境介绍、工作界面介绍、首选项设置、项目与素材的基本操作、输出音频等内容
第3章　视频素材的剪辑	主要介绍使用Premiere Pro 2022进行素材剪辑的各类操作方法，包括常用剪辑工具的使用、取消视音频链接、调整素材播放速度、分割素材等内容
第4章　视频的转场效果	主要介绍Premiere Pro 2022中各类视频过渡效果的使用方法
第5章　关键帧动画	主要讲解关键帧的应用方法，包括创建关键帧、移动关键帧、删除关键帧、复制关键帧等内容
第6章　视频叠加与抠像	主要介绍叠加与抠像技术，包括键控特效的应用、Premiere Pro 2022中各类叠加与抠像效果的介绍、通过素材色度进行抠像等内容

（续表）

章　名	内　容　安　排
第7章　颜色的校正与调整	主要介绍素材颜色的校正与调整操作，包括设置图像控制类效果、设置过时类效果、设置颜色校正效果等内容
第8章　字幕的创建与编辑	主要介绍字幕的创建与编辑的方法，包括创建并添加字幕的方法、字幕面板的编辑操作、制作滚动字幕的方法、为字幕添加样式等内容
第9章　音频效果	主要介绍音频效果的应用，包括调整音频素材、调整素材音量、调整音频增益与速度、音频效果的使用等内容
第10章　购物狂欢宣传片	本章以案例的形式介绍购物狂欢宣传片的制作方法
第11章　汽车混剪展示视频	本章以案例的形式介绍汽车混剪展示视频的制作方法

三、本书写作特色

本书以通俗易懂的语言，结合实用性极强的操作实例，全面且深入地讲解了Premiere Pro 2022这款功能强大、应用广泛的视频处理软件。本书具备如下特点。

　　■ 由易到难，轻松学习。

本书站在初学者的角度，由浅至深地对Premiere Pro 2022的工具、功能和技术要点进行了讲解。本书实例涵盖面广泛，从基本操作到行业应用均有涉及，可满足日常生活或工作中的各类视频制作需求。

　　■ 全程图解，一看即会。

本书内容通俗易懂，以图解为主、文字为辅的形式向读者详解各类操作。通过书中的辅助插图，可以帮助读者在阅读文字的同时，更加轻松、快捷地理解软件操作。

　　■ 知识点全，一网打尽。

除了基本内容的讲解，本书的操作步骤中添加了实用的"提示"，用于对相应概念、操作技巧和注意事项等进行深层次解读。因此，本书可以说是一本不可多得的、能全面提升读者软件操作技能的练习手册。

四、配套资源下载

本书的教学视频和配套素材请用微信扫描下面的二维码进行下载。如果在配套资源的下载过程中碰到问题，请联系陈老师，联系邮箱chenlch@tup.tsinghua.edu.cn。

　　　　　教学视频　　　　　　　　　　　配套素材

五、作者信息和技术支持

本书由刘纬编著。在编写本书的过程中，编者以科学、严谨的态度，力求精益求精，但书中疏漏之处在所难免，如果有任何技术上的问题，请扫描下方的二维码，联系相关的技术人员进行解决。

　　　　　技术支持

编者
2022年7月

CONTENTS 目录

2.2.3 实战——调整项目参数 ……………… 10
2.2.4 保存项目文件 …………………………… 11
2.2.5 实战——编辑项目文件 ……………… 11
2.3 Premiere的优化设置 …………………………… 12
2.3.1 设置Premiere界面颜色 ……………… 12
2.3.2 设置Premiere快捷键 ………………… 13
2.4 输出影片 ……………………………………………… 13
2.4.1 影片输出类型 ………………………… 13
2.4.2 输出参数设置 ………………………… 14
2.4.3 实战——输出单帧图像 ……………… 14
2.4.4 实战——输出序列文件 ……………… 15
2.4.5 实战——输出MP4格式影片 ………… 16
2.5 本章小结 ……………………………………………… 17

第1章 视频编辑的基础知识

1.1 视频编辑术语 ………………………………………… 1
1.1.1 视频的概念 …………………………… 1
1.1.2 常见专业术语 …………………………… 1
1.1.3 分辨率 …………………………………… 2
1.2 影视制作常用格式 …………………………………… 2
1.2.1 电视制式 ………………………………… 2
1.2.2 常用视频格式 …………………………… 3
1.2.3 常用音频格式 …………………………… 4
1.2.4 常用图像格式 …………………………… 5
1.3 数字视频编辑基础 …………………………………… 5
1.3.1 线性编辑 ………………………………… 5
1.3.2 非线性编辑 ……………………………… 5
1.3.3 非线性编辑基本流程 …………………… 5
1.3.4 非线性编辑系统构成 …………………… 6
1.4 本章小结 ………………………………………………… 6

第2章 Premiere Pro 2022 基本操作

2.1 认识Premiere Pro 2022工作界面 ………… 7
2.1.1 Premiere Pro 2022启动界面 ………… 7
2.1.2 Premiere的工作区 …………………… 8
2.1.3 实战——设置和保存工作区 ………… 8
2.2 项目与素材的基本操作 ……………………………… 8
2.2.1 素材/序列/项目的关系 ……………… 9
2.2.2 实战——创建项目文件 ……………… 9

第3章 视频素材的剪辑

3.1 认识剪辑 ……………………………………………… 19
3.1.1 蒙太奇的概念 ………………………… 19
3.1.2 镜头组接的技巧 ……………………… 20
3.1.3 镜头组接的原则 ……………………… 20
3.1.4 剪辑的基本流程 ……………………… 21
3.2 素材剪辑的基本操作 ……………………………… 21
3.2.1 导入常规素材 ………………………… 21
3.2.2 导入静帧序列素材 …………………… 22
3.2.3 导入PSD格式的素材 ………………… 23
3.2.4 在"项目"面板中查找素材 ………… 24
3.2.5 设置素材箱整理素材 ………………… 24
3.2.6 设置素材标签 ………………………… 25
3.3 编辑素材 ……………………………………………… 26
3.3.1 在源面板中编辑素材 ………………… 26
3.3.2 加载素材 ……………………………… 27
3.3.3 标记素材 ……………………………… 28
3.3.4 设置入点与出点 ……………………… 28
3.3.5 创建子剪辑 …………………………… 29

3.3.6 实战——选择素材片段 ………30
3.4 使用时间轴和序列 ……………30
   3.4.1 认识"时间轴"面板 …………30
   3.4.2 "时间轴"面板功能按钮 ………31
   3.4.3 视频轨道控制区 ………………31
   3.4.4 音频轨道控制区 ………………31
   3.4.5 显示音频时间单位 ……………31
   3.4.6 实战——添加/删除轨道 ………32
   3.4.7 锁定与解锁轨道 ………………33
   3.4.8 创建新序列 ……………………33
   3.4.9 序列预设 ………………………33
   3.4.10 打开/关闭序列 ………………34
3.5 在序列中剪辑素材 ……………35
   3.5.1 在序列中快速添加素材 ………35
   3.5.2 选择和移动素材 ………………35
   3.5.3 分离视频与音频 ………………36
   3.5.4 激活和禁用素材 ………………37
   3.5.5 自动匹配序列 …………………37
   3.5.6 实战——调整素材播放速度 …39
   3.5.7 实战——分割素材 ……………40
3.6 素材的高级编辑技巧 …………40
   3.6.1 素材的编组 ……………………40
   3.6.2 提升和提取编辑 ………………41
   3.6.3 实战——插入和覆盖编辑 ……42
   3.6.4 查找与删除时间轴的间隙 ……44
   3.6.5 实战——波纹删除素材 ………44
3.7 综合实战——清晨早起Vlog ……45
3.8 本章小结 ………………………48

4.1.5 实战——调整转场效果的持续时间 …52
4.2 常见视频转场效果 ……………53
   4.2.1 3D运动类转场效果 …………53
   4.2.2 内滑类转场效果 ………………54
   4.2.3 划像类转场效果 ………………55
   4.2.4 擦除类过渡效果 ………………57
   4.2.5 沉浸式视频类过渡效果 ………58
   4.2.6 溶解类视频过渡效果 …………58
   4.2.7 缩放类视频过渡效果 …………61
   4.2.8 页面剥落视频过渡效果 ………61
   4.2.9 实战——添加风景转场效果 …62
4.3 影片的转场技巧 ………………63
   4.3.1 无技巧性转场 …………………63
   4.3.2 实战——制作相似体转场 ……67
   4.3.3 技巧性转场 ……………………68
   4.3.4 实战——制作多屏分割转场 …69
4.4 综合实战——动感MV转场特效 …71
4.5 本章小结 ………………………77

第 5 章 关键帧动画

5.1 认识关键帧 ……………………78
   5.1.1 认识关键帧 ……………………79
   5.1.2 关键帧设置原则 ………………79
   5.1.3 默认效果控件 …………………79
5.2 创建关键帧 ……………………80
   5.2.1 单击"切换动画"按钮激活关键帧 …80
   5.2.2 实战——为图像设置缩放动画 ……80
   5.2.3 使用"添加/移除关键帧"按钮添加
       关键帧 ………………………81
   5.2.4 实战——在"节目"监视器面板中
       添加关键帧 …………………82
   5.2.5 实战——在时间轴面板中添加
       关键帧 ………………………83
5.3 移动关键帧 ……………………84
   5.3.1 移动单个关键帧 ………………84
   5.3.2 移动多个关键帧 ………………84

第 4 章 视频的转场效果

4.1 认识视频转场 …………………50
   4.1.1 视频转场效果概述 ……………50
   4.1.2 "效果"面板的使用 …………50
   4.1.3 实战——添加视频转场效果 …51
   4.1.4 自定义转场效果 ………………51

5.4　删除关键帧 ·············· 85
　　5.4.1　使用快捷键快速删除关键帧 ········ 85
　　5.4.2　使用"添加/移除关键帧"按钮删除
　　　　　关键帧 ·············· 85
　　5.4.3　在快捷菜单中清除关键帧 ·········· 86
5.5　复制关键帧 ·············· 86
　　5.5.1　使用Alt键复制 ·············· 86
　　5.5.2　在快捷菜单中复制 ·············· 86
　　5.5.3　使用快捷键复制 ·············· 87
　　5.5.4　实战——复制关键帧到其他素材 ···· 87
5.6　关键帧插值 ·············· 88
　　5.6.1　临时插值 ·············· 89
　　5.6.2　空间插值 ·············· 91
5.7　综合实战——炫酷汽车片头 ·········· 92
5.8　本章小结 ·············· 97

第 6 章　视频叠加与抠像

6.1　叠加与抠像概述 ·············· 98
　　6.1.1　叠加技术概述 ·············· 99
　　6.1.2　抠像技术概述 ·············· 99
6.2　叠加与抠像效果的应用 ·············· 99
　　6.2.1　显示键控效果 ·············· 99
　　6.2.2　实战——应用键控特效 ·········· 100
6.3　叠加与抠像效果介绍 ·············· 101
　　6.3.1　Alpha调整 ·············· 101
　　6.3.2　亮度键 ·············· 101
　　6.3.3　超级键 ·············· 102
　　6.3.4　轨道遮罩键 ·············· 102
　　6.3.5　颜色键 ·············· 103
　　6.3.6　实战——画面亮度抠像 ·········· 103
6.4　综合实战——国潮风片头 ·········· 104
6.5　本章小结 ·············· 109

第 7 章　颜色的校正与调整

7.1　Premiere视频调色工具 ·········· 110
　　7.1.1　"Lumetri 颜色"面板 ·········· 110
　　7.1.2　Lumetri范围 ·············· 111
　　7.1.3　基本矫正 ·············· 112
　　7.1.4　创意 ·············· 114
　　7.1.5　实战——通过输入LUT为视频
　　　　　调色 ·············· 115
　　7.1.6　曲线 ·············· 116
　　7.1.7　实战——用曲线工具调色 ·········· 116
　　7.1.8　快速颜色矫正器/RGB颜色
　　　　　校正器 ·············· 118
7.2　视频的调色插件 ·············· 120
　　7.2.1　人像磨皮：Beauty Box ·········· 120
　　7.2.2　降噪：Neat Video ·············· 121
　　7.2.3　调色：Mojo Ⅱ ·············· 121
7.3　Premiere视频调色技巧 ·········· 124
　　7.3.1　实战——解决曝光问题 ·········· 124
　　7.3.2　实战——调整过曝素材 ·········· 126
　　7.3.3　实战——匹配色调 ·········· 127
　　7.3.4　实战——天空的强化校色 ·········· 129
　　7.3.5　实战——清晨/中午/傍晚/夜晚环境
　　　　　光的调色 ·············· 130
　　7.3.6　实战——关键帧调色 ·········· 133
　　7.3.7　混合模式调色 ·············· 134
　　7.3.8　实战——夜晚效果调色 ·········· 140
　　7.3.9　颜色校正 ·············· 142
　　7.3.10　局部调整 ·············· 142
　　7.3.11　实战——静态人物景深 ·········· 144
　　7.3.12　实战——动态人物景深 ·········· 146
7.4　综合实战——赛博朋克风格城市调色 ······ 147
7.5　本章小结 ·············· 150

第8章 字幕的创建与编辑

8.1 创建字幕 151
8.1.1 "基本图形"面板概述 151
8.1.2 字幕的创建方法 152
8.1.3 实战——创建并添加字幕 154
8.2 字幕的处理 155
8.2.1 风格化 155
8.2.2 滚动效果 156
8.2.3 实战——影视片尾滚动文字 157
8.2.4 字幕模板 158
8.2.5 形状字幕 159
8.3 变形字幕效果 161
8.3.1 输入字幕并添加效果 161
8.3.2 运用位置/旋转/缩放等工具修改字幕 162
8.4 新功能——语音转文本 163
8.4.1 语音转文本功能介绍 163
8.4.2 实战——使用语音转文本创建字幕 164
8.5 综合实战——古风水墨动态字幕 165
8.6 本章小结 168

第9章 音频效果

9.1 关于音频效果与基本调节 169
9.1.1 音频效果的处理方式 170
9.1.2 音频轨道 170
9.1.3 调整音频持续时间 170
9.1.4 音量的调整 171
9.1.5 实战——调整音频增益及速度 172
9.2 使用音频剪辑混合器 173
9.2.1 认识"音频剪辑混合器"面板 173
9.2.2 实战——使用"音频剪辑混合器"调节音频 173
9.3 音频效果 174
9.3.1 多功能延迟效果 174
9.3.2 带通效果 175
9.3.3 低通/高通效果 175
9.3.4 低音/高音效果 175
9.3.5 消除齿音效果 176
9.3.6 音量效果 176
9.3.7 实战——音频效果的应用 176
9.4 音频过渡效果 177
9.4.1 交叉淡化效果 177
9.4.2 实战——实现音频的淡入淡出 177
9.5 综合实战——3D环绕声音效 178
9.6 本章小结 180

第10章 购物狂欢宣传片

10.1 制作片头 182
10.1.1 新建项目并导入素材 182
10.1.2 制作开场片段 182
10.2 制作场景1 186
10.2.1 添加并调整素材 186
10.2.2 制作动画效果 187
10.2.3 添加标题字幕 188
10.3 制作场景2 190
10.3.1 添加并调整素材 190
10.3.2 制作动画效果 191
10.3.3 添加标题字幕 192
10.4 制作片尾 194
10.4.1 添加并调整素材 194

10.4.2 调整关键帧 ············· 195
10.4.3 添加标题字幕 ············· 196
10.5 添加背景音乐 ············· 196
10.6 输出视频 ··················· 197

11.1.2 创建素材箱并分类素材 ·········· 200
11.2 添加背景音乐 ··················· 201
11.3 制作开场片段 ··················· 202
11.3.1 添加空镜头素材 ············· 202
11.3.2 添加汽车特写镜头 ········· 203
11.3.3 制作抠像转场 ············· 204
11.3.4 添加片头字幕 ············· 205
11.4 制作混剪主体视频 ············· 206
11.4.1 添加视频素材 ············· 206
11.4.2 添加制作场景转场效果 ····· 209
11.4.3 添加汽车音效 ············· 211
11.5 制作片尾 ······················ 212
11.5.1 添加片尾字幕 ············· 212
11.5.2 添加片尾音频淡出效果 ····· 213
11.6 输出视频 ······················ 213

第 11 章 汽车混剪展示视频

11.1 导入整理素材 ··················· 200
11.1.1 新建项目并导入素材 ········· 200

第 1 章

视频编辑的基础知识

从事影视相关工作需要具备一些基本知识和相关理论，以加深对视频编辑工作的认识和领悟。本章将介绍视频编辑中的一些基础理论，包括常见视频编辑术语、电视制式介绍、常用视音频格式、图像基础知识，以及线性编辑和非线性编辑等内容。

本章重点 ▶

- 视频编辑常见专业术语
- 常用图像格式
- 视音频常用格式
- 非线性编辑

1.1 视频编辑术语

许多初学视频剪辑的新手会在视频编辑工作中接触到一些专业词汇，例如关键帧、帧速率、序列、缓存等。在正式学习视频剪辑操作前，了解这些视频编辑术语的含义，能帮助用户更好地掌握视频编辑工作的要义，并且能在一定程度上提升工作效率。

1.1.1 视频的概念

视频，又称视像、视讯、录影、录像、动态图像、影音，泛指一系列静态影像以电信号方式加以捕捉、记录、处理、储存、传送与再现的各种技术。视频的原理可通俗理解为连续播放的静态图片，造成人眼的视觉残留，从而形成连续的动态影像。

1.1.2 常见专业术语

视频编辑中的常见术语主要有以下几个。

- 时长：指视频的时间长度，基本单位是秒。在Premiere Pro中所见的时长为00:00:00:00，如图1-1所示，其中数字分别代表"时：分：秒：帧"。

图1-1

- 帧：视频的基础单位，可以理解为一张静态图片就是一帧。
- 关键帧：是素材中的特定帧，标记为进行特殊的编辑或其他操作，以便控制完成动画的流、回放或其他特性。
- 帧速率：代表每秒播放帧的数量，单位是每秒多少帧（fps），帧速率越高，视频越流畅。
- 帧尺寸：代表帧（视频）的宽和高，用像素表示，帧尺寸越大，视频画面也就越大，像素数也越多。
- 画面尺寸：即实际显示画面的宽和高。
- 画面比例：视频画面实际显示宽和高的比值，如4：3、16：9。
- 画面深度：指色彩深度，在普通的RGB视频中，8b（比特）是最常见的。
- Alpha通道：R、G和B颜色通道之外的另一种图像通道，用来存储和传输合成时所需要的透明信息。

- 锚点：在使用运动特效时用来改变片段中心位置的点。
- 缓存：计算机内存中一块用来存储静止图像和数字影片的区域，是为影片的实时回放而准备的。
- 片段：由视频、音频、图片或任何能够输入Premiere Pro中的类似内容所组成的媒体文件。
- 序列：由编辑过的视频、音频和图形素材组成的片段。
- 润色：通过润色声音的音量，重录对白的不良部分，以及录制旁白、音乐和声音效果来创建高质量混音的过程。
- 时间码：存储在帧画面上用于识别视频帧的电子信号编码系统。
- 转场：两个编辑点之间的视觉或听觉效果，例如视频叠化或音频交叉渐变。
- 修剪：通过对多个编辑点进行细小的调整来精确序列。
- 变速：在单个片段中，前进或倒转运动时动态改变速度。
- 压缩：对编辑完成的视频进行重新组合时，减小剪辑文件容量大小的方法。
- 素材：影片的一小段或一部分，可以是音频、视频、静态图像或标题字幕。

1.1.3　分辨率

分辨率是指用于度量图像内数据量多少的一个参数。在一段视频作品中，分辨率是非常重要的，因为其决定了位图图像细节的精细程度。通常情况下，图像的分辨率越高，所包含的像素就越多，图像就越清晰。但需要注意的是，存储高分辨率图像也会相应增加文件占用的存储空间。可以把整个图像想象成是一个大型的棋盘，而分辨率的表示方式就是棋盘上所有经线和纬线交叉点的数目。以分辨率为2436×1125的手机屏幕为例，其分辨率代表每一条水平线上包含有2436个像素点，共有1125条线，即扫描列数为2436列，行数为1125行。

这里以Premiere软件为例，在进入"新建序列"对话框后，单击顶部的"设置"按钮，然后在界面中单击展开"编辑模式"下拉列表，在列表中有多种分辨率的预设类型可供选择，如图1-2所示。

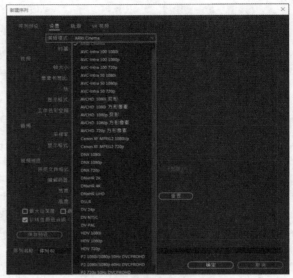

图1-2

> 提示：当在Premiere Pro中设置"宽度"和"高度"的数值后，序列的宽高比也会随数值更改。

1.2　影视制作常用格式

在影视制作中会用到视频、音频及图像等素材，在正式学习Premiere软件的操作之前，用户应当对视频编辑的规格、标准有清晰的认识。

1.2.1　电视制式

电视制式主要分为NTSC、PAL、SECAM三种，由于各国对电视影像制定的标准不同，其制式也会有所不同。

1. NTSC制

正交平衡调幅制，英文全称为National Television Systems Committee（国家电视系统委员会制式），简称NTSC制。该制式是1952年由美国国家电视标准委员会指定的彩色电视广播标准，主要在美国、加拿大、日本、中国台湾，以及大部分中美和南美地区被采用。

NTSC制式的帧频约为30fps（实际为29.97fps），每帧525行262线，标准的分辨率为720×480，24比特的色彩位深，画面比例为4：3或16：9。NTSC制式虽然解决了彩色电视和黑白电视广播相互兼容的问题，但是存在相位容易失真、色彩不太稳定的缺点。图1-3所示为在Premiere中新建序列时，软件提供的几种NTSC制式类型。

图1-3

2. PAL制

正交平衡调幅逐行倒相制，英文全称为Phase-Alternative Line，简称PAL制。该制式是西德在1962年指定的彩色电视广播标准，采用逐行倒相正交平衡调幅的技术方法，克服了NTSC制相位敏感造成色彩失真的缺点，主要在英国、中国、澳大利亚、新西兰和欧洲大部分国家被采用。

PAL制式的帧频是25fps，每帧625行312线，标准分辨率为720×576，画面比例为4∶3。PAL制式对相位失真不敏感，图像彩色误差较小，但编码器和解码器都比NTSC制式复杂，信号处理也较麻烦，接收机的造价也高。图1-4所示为在Premiere中新建序列时，软件提供的几种PAL制式类型。

图1-4

3. SECAM制

行轮换调频制，英文全称为Sequential Coleur Avec Memoire，简称SECAM制。该制式是顺序传送彩色信号与存储恢复彩色信号制，由法国在1956年提出、1966年制定的一种新的彩色电视制式，主要在法国、俄罗斯和中东等地区被采用。

SECAM制式的帧频为25fps，每帧625行312线，隔行扫描，画面比例为4∶3，标准分辨率为720×576。SECAM制式的特点是不怕干扰，彩色效果好，但兼容性差。

1.2.2　常用视频格式

视频格式是视频播放软件为了能够播放视频文件而赋予视频文件的一种识别符号，可以分为适合本地播放的本地影像视频和适合在网络中播放的网络流媒体影像视频两大类。视频格式实际上是一个容器里包裹着不同的轨道，使用容器的格式关系到视频的可扩展性。

下面介绍几种常见的视频格式。

1. AVI

AVI（Audio Video Interleave），即音频视频交叉存取格式。1992年初，微软公司推出了AVI技术及其应用软件VFW（Video for Windows）。在AVI文件中，运动图像和伴音数据以交织的方式存储，并独立于硬件设备。这种按交替方式组织音频和视像数据的方式可使得读取视频数据流时能更有效地从存储媒介得到连续的信息。构成一个AVI文件的主要参数包括视像参数、伴音参数和压缩参数等。AVI具有非常好的扩充性。这个规范由于是由微软公司制定，因此微软全系列的软件包括编程工具VB、VC都提供了最直接的支持，因此更加奠定了AVI在PC上的视频霸主地位。由于AVI本身的开放性，获得了众多编码技术研发商的支持，不同的编码使得AVI不断被完善，现在几乎所有运行在PC上的通用视频编辑系统都是以支持AVI为主的。

2. FLV

FLV格式是FLASH VIDEO格式的简称，随着Flash MX的推出，Macromedia公司开发了属于自己的流媒体视频格式——FLV格式。FLV流媒体格式是一种新的视频格式，由于其形成的文件极小，加载速度也极快，这就使得网络观看视频文件成为可能，FLV视频格式的出现有效地解决了视频文件导入Flash后，导出的SWF格式文件体积庞大，不能在网络上很好地使用等缺点。

3. MOV

MOV格式是美国Apple公司开发的一种视频格式。MOV视频格式具有很高的压缩比率和较完美的视频清晰度，其最大的特点是跨平台性，不仅能支持Mac OS，也能支持Window操作系统。MOV格式的文件主要由QuickTime进行播放，该格式具有跨平台、存储空间要求小等技术特点，此外，采用了有损压缩方式的MOV格式文件，画面效果较AVI格式要稍微好一些。

4. MPEG

MPEG（Moving Picture Export Group）是1988年成立的一个专家组，其工作是开发满足各种应用的运动图像及其伴音的压缩、解压缩和编码描述的国际标准。截至2004年，开发和正在开发的MPEG标准有MPEG-1、MPEG-2、MPEG-4、MPEG-7和MPEG-21。MPEG系列国际标准已经成为影响力最大的多媒体技术标准，对数字电视、视听消费电子产品、多媒体通信等信息产业中的重要产品都产生了深远的影响。

5. WMV

WMV（Windows Media Video）格式，是微软推出的一种采用独立编码方式并且可以直接在网上实时观看视频节目的文件压缩格式。WMV视频格式的主要优点有本地或网络回放、可扩充的媒体类型、可伸缩的媒体类型、多语言支持、环境独立性、丰富的流间关系以及扩展性等。

6. RMVB

RMVB格式是由RM视频格式升级而延伸出的新型视频格式，RMVB视频格式的先进之处在于其打破了原先RM格式使用的平均压缩采样的方式，在保证平均压缩比的基础上更加合理利用比特率资源，即对于静止和动作场面少的画面场景采用较低编码速率，从而留出更多的带宽空间，这些带宽会在出现快速运动的画面场景时被利用掉。这就在保证了静止画面质量的前提下大幅度地提高了运动图像的画面质量，从而在图像质量和文件大小之间达到了平衡。同时，与DVDrip格式相比，RMVB视频格式也有着较明显的优势，一部大小为700MB左右的DVD影片，如将其转录成同样品质的RMVB格式，最多也就400MB左右。不仅如此，RMVB视频格式还具有内置字幕和无需外挂插件支持等优点。

1.2.3 常用音频格式

下面介绍音频的一些常见格式。

1. WAV

WAV格式是微软公司开发的一种声音文件格式，用于保存Windows平台的音频信息资源，被Windows平台及其应用程序所支持。WAV格式支持MSADPCM、CCITT A LAW等多种压缩算法，支持多种音频位数、采样频率和声道，标准格式的WAV文件和CD格式一样，也是44.1kHz的采样频率，速率为88kb/s，16位量化位数。尽管音色出众，但在压缩后的文件体积过大，相对于其他音频格式而言是一个缺点。WAV格式也是目前PC上广为流行的声音文件格式，几乎所有的音频编辑软件都能识别WAV格式。

2. MP3

MP3（Moving Picture Experts Group Audio Layer III，动态影像专家压缩标准音频层面3，简称MP3）格式利用人耳对高频声音信号不敏感的特性，将时域波形信号转换成频域信号，并划分成多个频段，对不同的频段使用不同的压缩率。对高频信号加大压缩比（甚至忽略信号），对低频信号使用小压缩比，保证信号不失真。这样一来就相当于抛弃人耳基本听不到的高频声音，只保留能听到的低频部分，从而将声音用1∶10甚至1∶12的压缩率压缩，所以具有文件小、音质好的特点。由于这种压缩方式的全称为MPEG Audio Player 3，所以人们将其简称为MP3。

3. MIDI

MIDI（Musical Instrument Digital Interface）格式又称为乐器数字接口。MIDI允许数字合成器和其他设备交换数据。MID文件格式由MIDI继承而来。MID文件并不是一段录制好的声音，而是记录声音的信息，然后再告诉声卡如何再现音乐的一组指令。这样一个MIDI文件每存储1min的音乐只需5～10KB。MID文件主要用于原始乐器作品、流行歌曲的业余表演、游戏音轨以及电子贺卡等。

4. WMA

WMA（Windows Media Audio）格式，是微软公司推出的与MP3格式齐名的一种新的音频格式。由于WMA在压缩比和音质方面都超过了MP3，更是远胜于RA（Real Audio），即使在较低的采样频率下也能产生较好的音质。WMA 7之后的WMA支持证书加密，未经许可（即未获得许可证书），即使是非法复制到本地，也是无法收听的。

5. AAC

AAC（Advanced Audio Coding）实际上是高级音频编码的缩写，是由Fraunhofer IIS-A、杜比和AT&T共同开发的一种音频格式，是MPEG-2规范的一部分。AAC所采用的运算法则与MP3的运算法则有所不同，AAC通过结合其他的功能来提高编码效率。AAC还同时支持多达48个音轨、15个低频音轨、更多种采样率和比特率、多种语言的兼容能力、更高的解码效率。总之，AAC可以在比MP3文件缩小30%的前提下提供更好的音质，在手机界被称为"21世纪数据压缩方式"。

1.2.4 常用图像格式

在计算机中常用的图像存储格式有BMP、TIFF、JPEG、GIF、PSD和PDF等。下面进行简单介绍。

1. BMP

BMP格式是Windows中的标准图像文件格式，其以独立于设备的方法描述位图，各种常用的图形、图像软件都可以对该格式的图像文件进行编辑和处理。

2. TIFF

TIFF格式是常用的位图图像格式，TIFF位图可具有任何大小的尺寸和分辨率，用于打印、印刷输出的图像，建议存储为该格式。

3. JPEG

JPEG格式是一种高效的压缩格式，可对图像进行大幅度的压缩，最大限度地节约网络资源，提高传输速度。因此用于网络传输的图像，一般存储为该格式。

4. GIF

GIF格式可在各种图像处理软件中通用，是经过压缩的文件格式，因此一般占用空间较小，适于网络传输，一般用于存储动画效果图片。

5. PSD

PSD格式是Photoshop软件中使用的一种标准图像文件格式，可以保留图像的图层信息、通道蒙版信息等，便于后续修改和特效制作。一般在Photoshop中制作和处理的图像建议存储为该格式，以最大限度地保存数据信息，待制作完成后再转换成其他图像文件格式，进行后续的排版、拼版和输出工作。

6. PDF

PDF格式又称可移植（或可携带）文件格式，具有跨平台的特性，并包括对专业的制版和印刷生产有效的控制信息，可以作为印前领域通用的文件格式。

1.3 数字视频编辑基础

视频后期编辑可分为线性编辑和非线性编辑两类，下面进行具体介绍。

1.3.1 线性编辑

编辑机通常由一台放像机和一台录像机组成，通过放像机选择一段合适的素材并播放，由录像机记录有关内容。然后使用特技机、调音台和字幕机来完成相应的特技，并进行配音和字幕叠加，最终合成影片。由于这种编辑方式的存储介质通常是磁带，记录的视频信息与接收的信号在时间轴上的顺序紧密相关，所以被看成是一条完整的直线，这也就是为什么要被叫作线性编辑的原因。但如果要在已完成的磁迹中插入或删除一个镜头，那该镜头之后的内容就必须全部重新录制一遍。由此可以看出，线性编辑的缺点相当明显，而且需要辅以大量专业设备，操作流程复杂，投资大，普通家庭是难以承受的。

1.3.2 非线性编辑

非线性编辑是指剪切、复制或粘贴素材，无须在素材的存储介质上重新安排。非线性编辑借助计算机来进行数字化制作，几乎所有的工作都在计算机里完成，不再需要过多的外部设备。另外，对素材的调用也是瞬间实现，不用反反复复在磁带上寻找，突破了单一的时间顺序编辑限制，可以按各种顺序排列，具有快捷、简便、随机的特性。

非线性编辑在编辑方式上呈非线性的特点，能够很容易地改变镜头顺序，而这些改动并不影响已编辑完成的素材。非线性编辑中的"线"指的是时间，而不是信号线。

1.3.3 非线性编辑基本流程

任何非线性编辑的工作流程，都可以简单地分为输入、编辑、输出三个步骤。当然对于不同软

件功能的差异，其工作流程还可以进一步细化。以
Premiere为例，其工作流程主要分为以下5个步骤。

1. 素材采集与输入

采集就是利用Premiere软件，将模拟视频、音
频信号转换成数字信号存储到计算机中，或者将外
部的数字视频存储到计算机中，成为可以处理的素
材。输入主要是把其他软件处理过的图像、声音等
素材导入Premiere中。

2. 素材编辑

素材编辑就是设置素材的入点与出点，以选
择需要的部分，然后按时间顺序组接不同素材的
过程。

3. 特技处理

对于视频素材，特技处理包括转场、特效、
合成叠加。对于音频素材，特技处理包括转场、特
效。令人震撼的画面效果就是在特技处理过程中产
生的。而非线性编辑软件功能的强弱，往往也是体
现在特技处理方面。配合某些硬件，Premiere还能
够实现特技播放。

4. 字幕制作

字幕是节目中非常重要的部分，包括文字和图
形两个方面。在Premiere Pro中制作字幕非常方便，
并且还有大量的模板可以使用。

5. 输出和生成

节目编辑完成后，可以选择生成视频文件，便
于分享到网络，或进行实时观赏等。

1.3.4　非线性编辑系统构成

非线性编辑系统是计算机技术和电视数字化技
术的结晶，其使电视制作的设备由分散到简约，制
作速度和画面效果均有很大提高。非线性编辑的实
现，软件和硬件的支持缺一不可，这就组成了非线
性编辑的系统构成。

1. 硬件构成

从硬件上看，一个非线性编辑系统由计算机、
视频卡、声卡、硬盘、显示器、CPU、非线性编辑
板卡（如特技加卡）以及外围设备构成。

早期的非线性编辑系统大多选择Mac平台，只
是由于早期的Mac与PC相比，在交互和多媒体方面
有着很大的优势，但是随着PC技术的不断发展，
PC的性能和市场上的优势反而越来越大。大部分
新的非线性编辑系统厂家倾向于采用Windows操作
系统。

2. 软件构成

一套完整的PC非线性编辑系统还应该有编辑
软件，编辑软件由非线性编辑软件以及二维动画软
件、三维动画软件、图像处理软件和音频处理软件
等构成，有些软件是与硬件配套使用的，这里不再
赘述。

1.4　本章小结

本章主要介绍了与视频编辑相关的基础理论知
识，包括视频编辑常见专业术语、影视制作的电视
制式、常用的视音频格式，以及线性编辑与非线性
编辑等。希望大家能认真学习本章内容，熟记相关
概念和知识，为今后学习视频编辑操作打下良好的
理论基础。

第2章

Premiere Pro 2022
基本操作

本章主要介绍Premiere Pro 2022软件的一些基础操作及概念，包括工作界面、项目与素材的基本操作、Premiere优化设置、输出影片等。

本章重点 ▶

- 工作界面
- 创建与保存项目文件

- Premiere优化设置
- 输出影片

2.1 认识Premiere Pro 2022工作界面

Premiere是一个功能强大的视频编辑工具，也是目前流行的非线性编辑软件之一，其应用范围非常广泛，能够满足广大视频用户的不同需求，本书以Premiere Pro 2022版本为例进行讲解。

2.1.1 Premiere Pro 2022 启动界面

启动Premiere Pro 2022后，首先打开的是"主页"界面，单击该界面中的功能按钮，可以新建和打开项目文件，如图2-1所示。

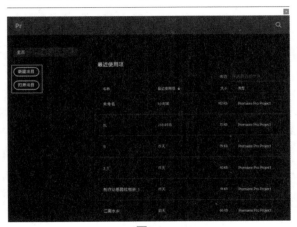

图2-1

在"新建项目"对话框中可以设置项目名称，设置项目文件的保存位置，最后单击"确定"按钮完成项目创建，如图2-2所示。

图2-2

创建项目后，就可以进入Premiere的工作界面，如图2-3所示。

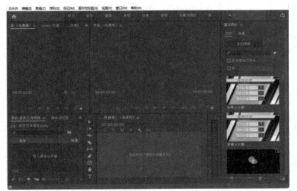

图2-3

2.1.2　Premiere 的工作区

首次进入Premiere Pro 2022软件，呈现的界面是Premiere Pro 2022的默认工作界面，包含八大工作区，如图2-4所示，通过单击不同的工作区选项卡，可以切换到不同的工作区面板。

图2-4

2.1.3　实战——设置和保存工作区

Premiere Pro 2022默认工作界面隐藏了一部分工作区，下面详细讲解设置"效果"工作区的基本操作。

01 执行"窗口→效果"命令，打开"效果"面板，如图2-5所示。

图2-5

02 执行"窗口→效果控件"命令，打开"效果控件"工作区，拖曳工作区边缘线可以随意调整工作区大小，如图2-6所示。

图2-6

03 调整合适的工作区面板大小后就可以保存自定义设置的工作界面，执行"窗口→工作区→另存为新工作区"命令，如图2-7所示。

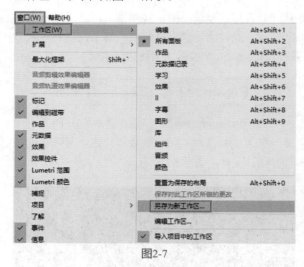

图2-7

2.2　项目与素材的基本操作

在Premiere Pro 2022中，编辑影片项目的基本操作包括创建项目、导入素材、编辑素材、添加视音频特效和输出影片等。下面详细讲解影片项目处理时的各项基本操作。

2.2.1　素材 / 序列 / 项目的关系

素材、序列、项目的层次关系是序列包含素材，项目包含序列和素材，如图2-8所示。

图2-8

一个项目中可以存在多个序列，一个序列可以理解为一个故事视频，素材是这个剪辑视频中需要放入的各个片段。

1. 素材的存在形式

素材在不同面板中的形式是不一样的，素材在"项目"面板中以缩略图或列表的形式存在，在"时间轴"面板中以进度条的形式存在，如图2-9所示。

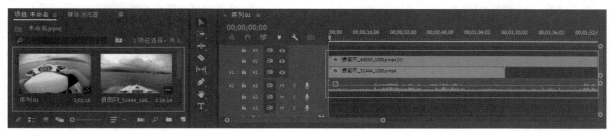

图2-9

2. 序列的存在形式

序列存在于"项目"面板中，通常在所有素材后面；而在"时间轴"面板中，序列是处于打开状态的，且"时间轴"面板展示了序列中的所有素材和编辑情况，如图2-10所示。

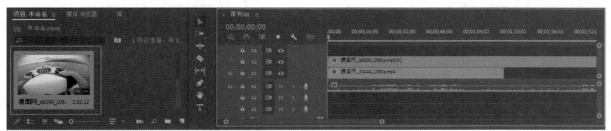

图2-10

3. 项目

项目是整个项目文件，一个项目的所有文件都存在于"项目"面板中，包括素材、序列等。注意，项目并不等于序列，因为打开项目就会打开序列，项目的情况和序列一样，但是随着剪辑的进行，一个项目中会包含多个序列。

2.2.2　实战——创建项目文件

要制作符合要求的影视作品，首先得创建一个符合要求的项目文件，然后对项目文件的各个选项进行设置，这是视频编辑工作的基本操作。下面详细讲解如何在Premiere Pro 2022中创建影片编辑项目。

01 启动Premiere Pro 2022软件，进入"主页"对话框，在其中单击"新建项目"按钮，如图2-11所示。

图2-11

02 弹出"新建项目"对话框，在其中可以设置项目的名称及存储位置，如图2-12所示，单击"位置"选项后的"浏览"按钮，可以在打开的对话框中自定义项目文件的存放位置。

图2-13

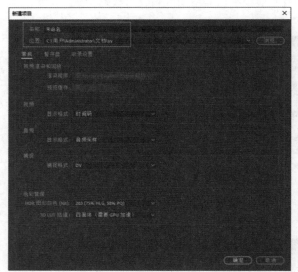

图2-12

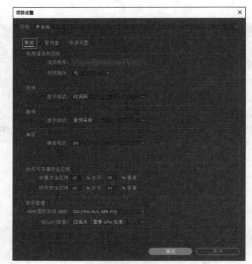

图2-14

2.2.3 实战——调整项目参数

在Premiere Pro中，如果对创建的项目设置不满意，可以通过执行相关命令来对项目参数进行调整修改。下面讲解调整项目参数的具体操作。

01 在Premiere Pro 2022中创建项目或打开项目的情况下，执行"文件→项目设置→常规"命令，如图2-13所示。

02 弹出"项目设置"对话框，在"常规"选项卡中可以调整视频显示格式和音频显示格式，以及动作与字幕安全区域，如图2-14所示。

03 切换至"暂存盘"选项卡，在该选项卡中可以设置视频、音频的存储路径，如图2-15所示。

图2-15

04 完成项目参数的调整后，单击对话框中的"确定"按钮即可。

2.2.4　保存项目文件

对项目进行保存操作，可以方便用户随时打开项目进行二次编辑处理。在Premiere Pro 2022中保存项目的方法主要有以下几种。

- 执行"文件→保存"命令（快捷键Ctrl+S），可快速保存项目文件，如图2-16所示。

图2-16

- 执行"文件→另存为"命令（快捷键Ctrl+Shift+S），如图2-17所示。弹出"保存项目"对话框，在其中可设置项目名称及存储位置，如图2-18所示，单击"保存"按钮即可保存项目。

图2-17

图2-18

- 执行"文件→保存副本"命令（快捷键

Ctrl+Alt+S），如图2-19所示。弹出"保存项目"对话框，在其中可设置项目名称及存储位置，如图2-20所示，单击"保存"按钮即可将当前项目保存为副本文件。

图2-19

图2-20

2.2.5　实战——编辑项目文件

要将"项目"面板中的素材添加到时间轴面板，只需选中"项目"面板中的素材，然后将其拖入"时间轴"面板中的相应轨道上即可。将素材拖入"时间轴"面板后，可对素材进行编辑处理，例如控制素材播放速度、调整持续时间等。

01 启动Premiere Pro 2022软件，使用快捷键Ctrl+O打开路径文件夹中的"编辑项目文件.prproj"项目文件。进入工作界面后，可以看到"项目"面板中已经创建完成的序列和导入的素材文件，如图2-21所示。

图2-21

02 在"项目"面板中选择"01.jpg"素材，将其拖入"时间轴"面板的V1视频轨道中，如图2-22所示。

图2-22

03 在"时间轴"面板中右击"01.jpg"素材，在弹出的快捷菜单中选择"速度/持续时间"选项，如图2-23所示。

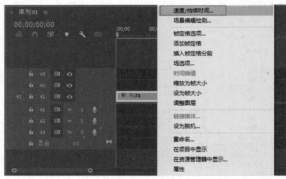

图2-23

04 弹出"剪辑速度/持续时间"对话框，这里显示素材的"持续时间"为00:00:04:29，如图2-24所示。

图2-24

05 在对话框中调整"持续时间"为00:00:03:00，如图2-25所示，然后单击"确定"按钮。

图2-25

06 完成上述操作后，可在"时间轴"面板中查看素材的持续时间，此时素材持续时间已变为3秒，如图2-26所示。

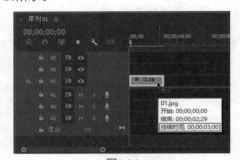

图2-26

2.3 Premiere 的优化设置

2.3.1 设置 Premiere 界面颜色

启动Premiere Pro 2022时，默认界面颜色是纯黑色，但Premiere界面颜色是可调整的，执行"编辑→首选项→外观"命令，如图2-27所示，弹出"首选项"对话框，此时会自动跳转到"外观"选项卡，只需要拖动滑块即可调整界面亮度，向左为深色，向右为浅色，如图2-28所示。

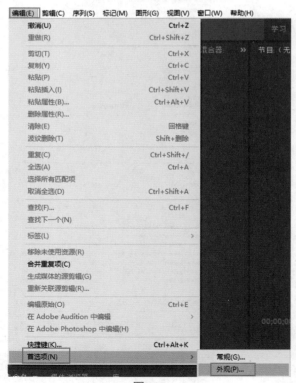

图2-27

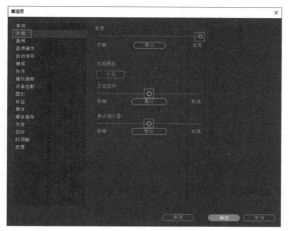

图2-28

2.3.2 设置 Premiere 快捷键

在Premiere中有一些快捷键，在剪辑进行时可以快速操作，但有些未设置的快捷键可以手动设置。执行"编辑→快捷键"命令，弹出"键盘快捷键"对话框，如图2-29所示。在"快捷键分布情况"面板中查看键位和功能的关系，也可以在"命令"面板中设置快捷键。

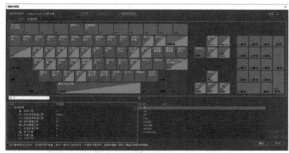

图2-29

2.4 输出影片

在影片编辑完成后，若要得到便于分享和随时观看的视频，就需要将Premiere Pro 2022中的剪辑进行输出。通过Premiere Pro 2022自带的输出功能，可以将影片输出为各种格式，以便分享到网上与朋友共同观赏。

2.4.1 影片输出类型

Premiere Pro 2022提供了多种输出选择，用户可以通过剪辑输出不同类型的影片来满足不同的观看需求，还可以与其他编辑软件进行数据交换。

执行"文件→导出"命令，在弹出的子菜单中包含了Premiere Pro 2022所支持的输出类型，如图2-30所示。

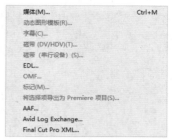

图2-30

影片输出类型参数介绍如下。

- 媒体（M）：选择该选项，弹出"导出设置"对话框，如图2-31所示，在该对话框中可以进行各种格式的媒体输出设置和操作。

图2-31

- 字幕（C）：用于单独输出在Premiere Pro 2022软件中创建的字幕文件。
- 磁带（DV/HDV）（T）：选择该选项，可以将完成的影片直接输出到专业录像设备的磁带上。
- EDL（编辑决策列表）：选择该选项，弹出"EDL导出设置"对话框，如图2-32所示，在其中进行设置并输出一个描述剪辑过程的数据文件，可以导入其他的编辑软件中进行编辑。
- OMF（公开媒体框架）：可以将序列中所有激活的音频轨道输出为OMF格式，再导入其他软件中继续编辑润色。
- AAF（高级制作格式）：将影片输出为AAF格式，该格式支持多平台多系统的编辑软件，是一种高级制作格式。
- Final Cut Pro XML（Final Cut Pro交换文

件）：用于将剪辑数据转移到Final Cut Pro剪辑软件上继续进行编辑。

图2-32

2.4.2 输出参数设置

决定影片质量的因素有很多，例如，编辑所使用的图形压缩类型、输出的帧速率、播放影片的计算机系统速度等。输出影片之前，需要在"导出设置"对话框中对导出影片的质量进行参数设置，不同的参数设置输出的影片效果也会有较大的差别。

选择需要输出的序列文件，执行"文件→导出→媒体"命令（快捷键Ctrl+M），弹出"导出设置"对话框，如图2-33所示。

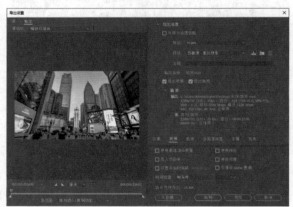

图2-33

"导出设置"参数介绍如下。

- 与序列设置匹配：勾选该复选框，会将输出设置匹配到序列的参数设置。
- 格式：在右侧的下拉列表中可以选择影片输出的格式。
- 预设：用于设置输出影片的制式。
- 输出名称：设置输出影片的名称。
- 导出视频：默认为勾选状态，如果取消勾选该复选框，则表示不输出该影片的图像画面。

- 导出音频：默认为勾选状态，如果取消勾选该复选框，则表示不输出该影片的声音。
- 摘要：在该选项对话框中会显示输出路径、名称、尺寸、质量等信息。
- 视频（选项卡）：主要用于设置输出视频的编码器和质量、尺寸、帧速率、长宽比等基本参数。
- 音频（选项卡）：主要用于设置输出音频的编码器、采样率、声道、样本大小等参数。
- 使用最高渲染质量：勾选该复选框，将使用软件默认的最高质量参数进行影片输出。
- 导出：单击该按钮，开始进行影片输出。
- 源范围：用于设置导出全部素材或"时间轴"中指定的工作区域。

2.4.3 实战——输出单帧图像

在Premiere Pro 2022中，可以选择影片序列的任意一帧，将其输出为一张静态图片。下面介绍输出单帧图像的操作方法。

01 启动Premiere Pro 2022软件，使用快捷键Ctrl+O打开路径文件夹中的"单帧图像输出.prproj"项目文件。进入工作界面后，可以看到"时间轴"面板中已经添加完成的一段视频素材，如图2-34所示。

图2-34

02 在"时间轴"面板中选择"滑翔机.mp4"素材，然后将时间线移动到00:00:22:21位置（即确定要输出的单帧图像画面所处时间点），如图2-35所示。

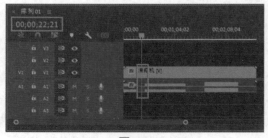

图2-35

03 执行"文件→导出→媒体"命令，或使用快捷键Ctrl+M，弹出"导出设置"对话框，如图2-36所示。

图2-36

04 在"导出设置"对话框中展开"格式"下拉列表，在下拉列表中选择"JPEG"格式，然后单击"输出名称"右侧文字，在弹出的"另存为"对话框中为输出文件设定名称及存储路径，如图2-37和图2-38所示。

图2-37

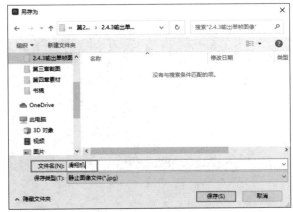

图2-38

05 在"视频"选项卡中取消勾选"导出为序列"复选框，如图2-39所示。

06 单击"导出设置"对话框底部的"导出"按钮，如图2-40所示。

图2-39

图2-40

提示：在上述步骤中，若设置格式后不取消勾选"导出为序列"复选框，那么最终在存储文件夹中将导出连串序列图像，而不是单帧序列图像。

07 完成上述操作后，可在设定的计算机存储文件夹中找到输出的单帧图像文件，如图2-41所示。

图2-41

2.4.4　实战——输出序列文件

Premiere Pro 2022可以将编辑完成的影片输出为一组带有序列号的序列图片，下面介绍输出序列图片的操作方法。

01 启动Premiere Pro 2022软件，使用快捷键Ctrl+O打开路径文件夹中的"序列文件输出.prproj"项目文件。进入工作界面后，在时间轴面板中选择"日出.mp4"素材，并将时间线移动到素材起始位置，如图2-42所示。

02 执行"文件→导出→媒体"命令，或使用快捷键Ctrl+M，弹出"导出设置"对话框。展开"格式"下拉列表，在下拉列表中选择"JPEG"格式，也可以选择"PNG"和"TIFF"等格式，如图2-43所示。

图2-42　　　　　　图2-43

03 单击"输出名称"右侧文字，在弹出的"另存为"对话框中为输出文件设定名称及存储路径，如图2-44所示，完成后单击"保存"按钮。

图2-44

04 在"视频"选项卡中勾选"导出为序列"复选框，如图2-45所示。

图2-45

05 完成上述操作后，单击"导出设置"对话框底部的"导出"按钮，导出完成后可在设定的计算机存储文件夹中找到输出的序列图像文件，如图2-46所示。

图2-46

2.4.5　实战——输出 MP4 格式影片

MP4格式是目前比较主流且常用的一种视频格式，下面介绍如何在Premiere Pro 2022中输出MP4格式的影片。

01 启动Premiere Pro 2022软件，使用快捷键Ctrl+O打开路径文件夹中的"MP4格式影片.prproj"项目文件。进入工作界面后，将"项目"面板中的"樱花.mp4"素材拖入"时间轴"面板的V1轨道，如图2-47所示。

图2-47

02 弹出"剪辑不匹配警告"对话框，单击"保持现有设置"按钮，如图2-48所示。

图2-48

03 执行"文件→导出→媒体"命令，或使用快捷键Ctrl+M，弹出"导出设置"对话框。展开"格式"下拉列表，在下拉列表中选择"H.264"格式，然后展开"源缩放"选项的下拉列表，选择"缩放以填充"选项，如图2-49所示。

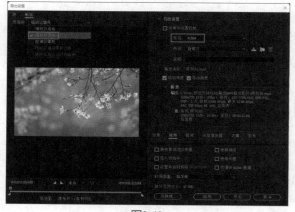

图2-49

04 单击"输出名称"右侧文字，在弹出的"另存为"对话框中，为输出文件设定名称及存储路径，如图2-50所示，完成后单击"保存"按钮。

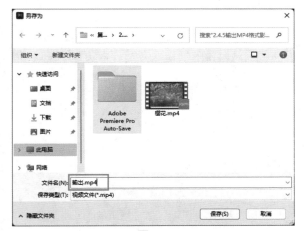

图2-50

05 切换至"多路复用器"选项卡，在"多路复用器"下拉菜单中选择"MP4"选项，如图2-51所示。

图2-51

06 切换至"视频"选项卡，在该选项卡中设置"帧速率"为25，"长宽比"为"D1/DV PAL宽银幕16:9（1.4587）"，"电视标准"为"PAL"，如图2-52所示。

图2-52

07 设置完成后，单击"导出"按钮，影片开始输出，同时弹出正在渲染对话框，在该对话框中可以看到输出进度和剩余时间，如图2-53所示。

图2-53

08 导出完成后可在设定的计算机存储文件夹中找到输出的MP4格式视频文件，如图2-54所示。

图2-54

2.5 本章小结

本章首先介绍了Premiere Pro 2022的工作界面，以及Premiere Pro 2022中各个工作面板的作用和基本操作，以帮助用户快速了解Premiere Pro 2022的工作环境；然后详细介绍了Premiere Pro 2022的具体工作流程，包括创建影片、导入素材、编辑素材、添加视音频特效和输出影片，并通过多个实例帮助用户体验Premiere Pro 2022的工作流程。希望通过本章的学习，能帮助用户进一步巩固Premiere Pro 2022软件操作基础。

第3章

视频素材的剪辑

剪辑是对所拍摄的镜头进行分割、取舍和组建的过程，并将零散的片段拼接为一个有节奏、有故事感的作品。对视频素材进行剪辑是确定影片内容的重要操作，需要熟练掌握素材剪辑的技术与技巧，下面详细讲解视频素材剪辑的各项基本操作。

本章重点 ▶

- 蒙太奇的概念
- 添加、删除轨道
- 剪辑常用工具
- 调整素材的播放速度
- 波纹删除素材
- 插入和覆盖编辑

本章效果图欣赏

3.1 认识剪辑

剪辑是视频制作过程中必不可少的一道工序，在一定程度上决定了视频质量的好坏，可以影响作品的叙事、节奏和情感，更是视频的二次升华和创作基础。剪辑的本质是通过视频中主体动作的分解组合来完成蒙太奇形象的塑造，从而传达故事情节，完成内容的叙述。

3.1.1 蒙太奇的概念

蒙太奇，法文Montage的音译，原为装配、剪切之意，是一种在影视作品中常见的剪辑手法。在电影创作中，电影艺术家先把全篇要表现的内容分成许多不同的镜头，进行分别拍摄，然后再按照原先规定的创作构思，把这些镜头有机地组接起来，产生平行、连贯、悬念、对比、暗示、联想等作用，形成各个有组织的片段和场面，直至一部完整的影片。这种按导演的创作构思组接镜头的方法就是蒙太奇。

蒙太奇的表现方式大致可分为叙述性蒙太奇和表现性蒙太奇两类。

1. 叙述性蒙太奇

叙述性蒙太奇是通过一个个画面来讲述动作，交待情节，演示故事。叙述性蒙太奇有连续式、平行式、交叉式、复现式4种基本形式。

- 连续式：连续式蒙太奇沿着一条单一的情节线索，按照事件的逻辑顺序，有节奏地连续叙事。这种叙事自然流畅，朴实平顺，但由于缺乏时空与场面的变换，无法直接展示同时发生的情节，难于突出各条情节线之间的对列关系，不利于概括，易产生拖沓冗长、平铺直叙之感。因此，在一部影片中绝少单独使用，多与平行、交叉式蒙太奇交混使用，几者相辅相成。
- 平行式：在影片故事发展过程中，通过两件或三件内容性质上相同，而在表现形式上不尽相同的事，同时异地并列进行，而又互相呼应、联系，起着彼此促进、互相刺激的作用，这种方式就是平行式蒙太奇。平行式蒙太奇不存在时间的因素，而重在几条线索的平行发展，靠内在的悬念把各条线的戏剧动作紧紧地连接在一起。采用迅速交替的手段，造成悬念和逐渐强化的紧张气氛，使观众在极短的时间内看到两个情节的发展，最后又相互结合在一起。

- 交叉式：在交叉式蒙太奇中，有两个以上具有同时性的动作或场景交替出现。其是由平行蒙太奇发展而来，但更强调同时性、密切的因果关系及迅速频繁的交替表现，因而能使动作和场景产生互相影响、互相加强的作用。这种剪辑技巧极易引起悬念，造成紧张激烈的气氛，加强矛盾冲突的尖锐性，是掌握观众情绪的有力手法。惊险片、恐怖片和战争片常用此法造成追逐和惊险的场面。
- 复现式：复现式蒙太奇，即前面出现过的镜头或场面在关键时刻反复出现，造成强调、对比、呼应、渲染等艺术效果。在影视作品中，各种构成元素，如人物、景物、动作、场面、物件、语言、音乐等，都可以通过精心构思反复出现，以期产生独特的寓意和印象。

2. 表现性蒙太奇

表现性蒙太奇（也称对列蒙太奇），不是为了叙事，而是为了某种艺术表现的需要，其不是以事件发展顺序为依据的镜头组合，而是通过不同内容镜头的对列来暗示、比喻、表达一个原来不曾有的新含义，一种比人们看到的表面现象更深刻、更富有哲理的东西。表现性蒙太奇在很大程度上是为了表达某种思想或某种情绪意境，造成一种情感的冲击。表现性蒙太奇有对比式、隐喻式、心理式和累积式4种形式。

- 对比式：即把两种思想内容截然相反的镜头并列在一起，利用二者之间的冲突造成强烈的对比，以表达某种寓意、情绪或思想。
- 隐喻式：隐喻式蒙太奇是一种独特的影视比喻，通过镜头的对列将两个不同性质的事物间的某种相类似的特征突显出来，以此喻彼，刺激观众的感受。隐喻式蒙太奇的特点是巨大的概括力和简洁的表现手法相结合，具有强烈的情绪感染力和造型表现力。
- 心理式：即通过镜头的组接展示人物的心理活动，如表现人物的闪念、回忆、梦境、幻觉、幻想，甚至潜意识的活动。其是人物心理的造型表现，特点是片断性和跳跃性，主观色彩强烈。
- 累积式：即把一连串性质相近的同类镜头组接在一起，造成视觉的累积效果。累积式蒙太奇也可用于叙事，成为叙述性蒙太奇的一种形式。

3.1.2　镜头组接的技巧

无技巧组接就是通常所说的"切"，是指不用任何电子特技，而是直接用镜头的自然过渡来链接镜头或者段落的方法。常用的组接技巧有以下几种。

- 淡出淡入：淡出是指上一段落最后一个镜头的画面逐渐隐去直至黑场，淡入是指下一段落第一个镜头的画面逐渐显现直至正常的亮度。这种技巧可以给人一种间歇感，适用于自然段落的转换。
- 叠化：叠化是指前一个镜头的画面和后一个镜头的画面相叠加，前一个镜头的画面逐渐隐去，后一个镜头的画面逐渐显现的过程，两个画面有一段过渡时间。叠化特技主要有以下几种功能：一是用于时间的转换，表示时间的消逝；二是用于空间的转换，表示空间已发生变化；三是用叠化表现梦境、划像、回忆等插叙、回叙场景；四是表现景物变幻莫测、琳琅满目、目不暇接。
- 划像：划像可分为划出与划入。前一画面从某一方向退出荧屏称为划出，下一个画面从某一方向进入荧屏称为划入。划出与划入的形式多种多样，根据画面进、出荧屏的方向不同，可分为横划、竖划、对角线划等。划像一般用于两个内容意义差别较大的镜头的组接。
- 键控：键控分黑白键控和色度键控两种。其中，黑白键控又分内键控与外键控，内键控可以在原有彩色画面上叠加字幕、几何图形等；外键控可以通过特殊图案重新安排两个画面的空间分布，把某些内容安排在适当位置，形成对比性显示。色度键控常用在新闻片或文艺片中，可以把人物嵌入奇特的背景中，构成一种虚设的画面，增强艺术感染力。

3.1.3　镜头组接的原则

影片中镜头的前后顺序并不是杂乱无章的，在视频编辑的过程中往往会根据剧情需要，选择不同的组接方式。镜头组接的总原则：合乎逻辑，内容连贯，衔接巧妙。镜头组接应注意以下几点。

1. 符合观众的思想方式和影视表现规律

镜头的组接不能随意，必须要符合生活的逻辑和观众思维的逻辑。因此，影视节目要表达的主题与中心思想一定要明确，这样才能根据观众的心理要求，即思维逻辑来考虑选用哪些镜头，以及怎样将其有机地组合在一起。

2. 遵循镜头调度的轴线规律

所谓"轴线规律"是指拍摄的画面是否有"跳轴"现象。在拍摄时，如果拍摄机的位置始终在主体运动轴线的同一侧，那么构成画面的运动方向、放置方向都是一致的，否则称为"跳轴"。"跳轴"的画面一般情况下是无法组接的。在进行组接时，遵循镜头调度的轴线规律拍摄的镜头，能使镜头中的主体物的位置、运动方向保持一致，合乎人们观察事物的规律，否则就会出现方向性混乱。

3. 景别的过渡要自然、合理

表现同一主体的两个相邻镜头组接时要遵守以下原则。

- 两个镜头的景别要有明显变化，不能把同机位、同景别的镜头相接。因为同一环境里的同一对象，机位不变，景别又相同，两镜头相接后会产生主体的跳动。
- 景别相差不大时，必须改变摄像机的机位，否则也会产生明显跳动，就像一个连续镜头从中截去一段一样。
- 对不同主体的镜头组接时，同景别或不同景别的镜头都可以组接。

4. 镜头组接要遵循"动接动"和"静接静"的规律

如果画面中同一主体或不同主体的动作是连贯的，可以动作接动作，达到顺畅、简洁过渡的目的，则简称为"动接动"。如果两个画面中的主体运动是不连贯的，或者中间有停顿时，那么这两个镜头的组接，必须在前一个画面主体做完一个完整动作停下来后，再接上一个从静止到运动的镜头，这种称为"静接静"。

"静接静"组接时，前一个镜头结尾停止的片刻叫"落幅"，后一镜头运动前静止的片刻叫"起幅"。起幅与落幅时间间隔为1~2s。运动镜头和固定镜头组接，同样需要遵循这个规律。如一个固定镜头要接一个摇镜头，则摇镜头开始时要有起幅；相反一个摇镜头接一个固定镜头，那么摇镜头要有落幅，否则画面就会给人一种跳动的视觉感。有时为了实现某种特殊效果，也会用到"静接动"或"动接静"的镜头。

5. 光线、色调的过渡要自然

在组接镜头时，要注意相邻镜头的光线与色调不能相差太大，否则会导致镜头组接太突然，使人感觉影片不连贯、不流畅。

3.1.4 剪辑的基本流程

在Premiere中，剪辑可分为整理素材、初剪、精剪和完善4个步骤。

1. 整理素材

前期的素材整理对后期剪辑具有非常大的帮助。通常在拍摄时会把一个故事情节分段拍摄，拍摄完成后，浏览所有素材，只选取其中可用的素材文件，为可用部分添加标记便于二次查找。然后可以按脚本、景别、角色将素材进行分类排序，将同属性的素材文件存放在一起。整齐有序的素材文件可提高剪辑效率和影片质量，并且可以显示出剪辑的专业性。

2. 初剪

初剪又称为粗剪，将整理完成的素材文件按脚本进行归纳、拼接，并按照影片的中心思想、叙事逻辑逐步剪辑，从而粗略剪辑成一个无配乐、旁白、特效的影片初样，以这个初样作为影片的雏形，逐步去制作整个影片。

3. 精剪

精剪是影片中最重要的一道剪辑工序，是在粗剪（初样）基础上进行的剪辑操作，进一步挑选和保留优质镜头及内容。精剪可以控制镜头的长短，调整镜头分剪与剪接点等，是决定影片好坏的关键步骤。

4. 完善

完善是剪辑影片的最后一道工序，其在注重细节调整的同时更注重节奏点。通常在该步骤会将导演的情感、剧本的故事情节，以及观众的视觉追踪注入整体架构中，使整个影片更具看点和故事性。

3.2 素材剪辑的基本操作

本节将讲解素材剪辑的一些基本操作，包括导入常规素材、导入静帧序列素材、导入PSD格式的素材、查找素材、整理素材等。

3.2.1 导入常规素材

素材导入Premiere的方式有很多种，下面讲解三种比较快捷和实用的导入方式。

1. 使用媒体浏览器

"媒体浏览器"能自动检测计算机上的素材数据，最小可以显示一个具体的文件，还可以查看并自定义与素材相关的元数据。"媒体浏览器"面板左侧有一系列导航文件夹，单击其右上角的←和→按钮可以更改浏览级别，如图3-1所示。

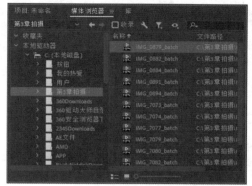

图3-1

可以单独选择一个素材，也可以选择文件夹，然后按住鼠标左键不放将素材拖曳到"项目"选项卡上，如图3-2所示。切换到"项目"面板，将光标移动到面板内，如图3-3所示，释放鼠标左键即可将所选内容导入"项目"面板，如图3-4所示。

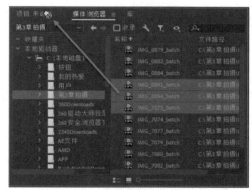

图3-2

图3-3

图3-4

2. 双击"项目"面板的空白区域

在"项目"面板的空白区域双击或使用快捷键Ctrl+1，可以直接弹出"导入"对话框，然后根据路径选择需要的素材，单击"打开"按钮，如图3-5所示，即可导入所选素材，如图3-6所示。

图3-5

图3-6

3. 直接拖曳

在计算机中打开素材所在的文件夹，然后选择需要导入的素材，将其直接拖曳到"项目"面板

中，即可导入当前所选素材，如图3-7所示。

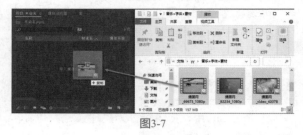

图3-7

3.2.2 导入静帧序列素材

静帧就是静态的图像，静帧序列就是将多个静态图像按次序排好，形成一段影像。

在"项目"面板的空白区域双击，选择"静帧序列"素材文件，接着勾选窗口下方的"图像序列"复选框，然后单击"打开"按钮进行导入，如图3-8所示。

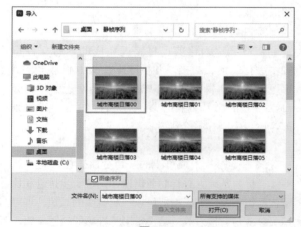

图3-8

此时"项目"面板中出现了序列素材"城市高楼日落00.jpg"文件，然后按住鼠标左键不放将该序列拖曳到"时间轴"面板的V1轨道上，如图3-9所示。

图3-9

在"时间轴"面板中拖动时间线即可查看动画的形式呈现，如图3-10所示。

图3-10

3.2.3 导入 PSD 格式的素材

　　PSD是原理图文件，也是Photoshop默认保存的文件格式，该格式可以保留所有图层、色板、蒙版、路径、未点阵化文字以及图层样式等，Premiere可以直接导入PSD文件。

　　在"项目"面板的空白区域双击，弹出"导入"对话框，选择"春游"素材文件，然后单击"打开"按钮进行导入，如图3-11所示。此时会弹出一个

　　"导入分层文件"对话框，可以在"导入为"的下拉列表中选择"合并所有图层"选项，选择完成后单击"确定"按钮，如图3-12所示。

图3-11

图3-12

　　此时在"项目"面板中会以图片的形式出现导入的"春游.psd"合成素材，接着按住鼠标左键不放，将其拖曳到"时间轴"面板中的V1轨道上，如图3-13所示。此时画面效果如图3-14所示。

图3-13

图3-14

3.2.4 在"项目"面板中查找素材

将"项目"面板切换到列表视图模式，单击"项目"面板中的"名称"按钮，"项目"面板中的项目会按字母（数字）降序或升序显示，如图3-15和图3-16所示。

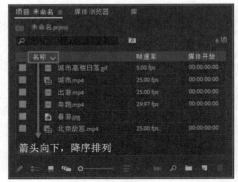

图3-15

图3-16

同理，在"项目"面板中单击其他属性名称，也可以对素材进行排列，属性包括帧速率、媒体开始、媒体结束、视频持续时间、视频入点、视频出点、子剪辑开始、子剪辑结束。

可以根据需要移动属性，例如单击"视频持续时间"属性，然后向左拖曳到"媒体开始"属性栏左侧的位置，待▌图标出现时，如图3-17所示，释放鼠标左键，即可将"视频持续时间"移动到"媒体开始"的左侧，如图3-18所示。

图3-17

图3-18

当"项目"面板中的素材数量过多时，在"项目"面板的搜索框中输入想要搜索的素材的关键字，就能搜索出需要的素材，如图3-19所示。搜索完成后，单击搜索框右侧 × 按钮，即可取消搜索返回"项目"面板。

图3-19

3.2.5 设置素材箱整理素材

随着项目不断变大，可创建新的素材箱来容纳新增内容。虽然创建和使用素材箱不是必需的操作（尤其对于简易项目而言），但是其对于组织项目文件来说非常有用。

在Premiere中有4种新建素材箱的方法。

● 单击"项目"面板底部的"新建素材箱"图标□，Premiere会在"项目"面板中创建一个新素材箱并显示其名称，也可重命名，如图3-20所示。

图3-20

● 在选中"项目"面板的情况下执行"文件→

新建→素材箱"命令（快捷键为Ctrl+B），可以在"项目"面板中创建新素材箱，如图3-21所示。

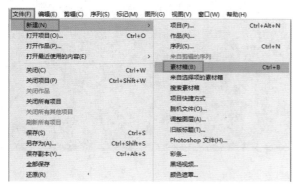

图3-21

● 在"项目"面板空白区域右击，然后在弹出的快捷菜单中选择"新建素材箱"选项，如图3-22所示。

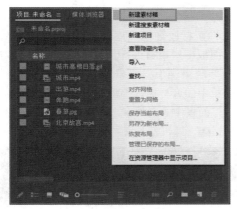

图3-22

● 当"项目"面板中已有素材时，可选择需要的素材，然后直接拖曳这些素材到"新建素

箱"图标上进行素材箱的创建，如图3-23所示。

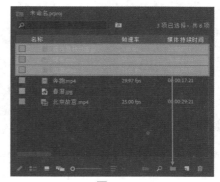

图3-23

可根据需求将素材按类型放在对应的素材箱中，实现对素材的归类和整理。单击素材前的展开图标，即可显示素材箱中的内容，如图3-24所示。

图3-24

更改素材箱视图与更改"项目"面板中素材的显示方式一样，分别使用"列表视图"图标、"图标视图"图标、"自由变换视图"图标，如图3-25所示。

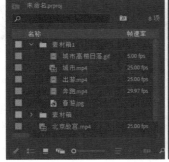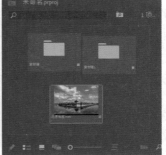

图3-25

3.2.6　设置素材标签

"项目"面板和"素材箱"面板中的每个素材箱和素材都有其标签颜色。在列表图标中，名称左侧显示了每个素材箱和素材的标签颜色，如图3-26所示。

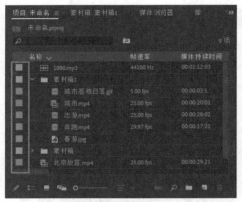

图3-26

将素材添加到序列中时，"时间轴"面板上将显示此颜色，例如音频和视频素材标签分别为绿色和蓝色，将其分别拖到一个"时间轴"面板中，视频素材剪辑条为蓝色，音频素材剪辑条为绿色，如图3-27所示。这样便于后续管理和查找素材。

图3-27

当素材过多时，可以将素材箱和素材设置不同的标签颜色，也可以将同类素材箱或同类素材设置相同的标签颜色，方便在编辑时识别素材。在素材箱中选择素材，然后右击，在弹出的快捷菜单中选择"标签"选项，可在子菜单中选择需要替换的颜色，如图3-28和图3-29所示。

图3-28

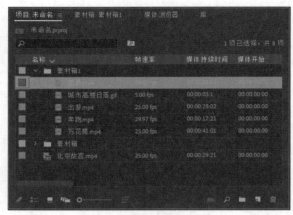

图3-29

3.3 编辑素材

3.3.1 在源面板中编辑素材

在将素材放进视频序列之前，可以在"源"监视器面板中对素材进行预览和修整，如图3-30所示。要使用"源"监视器预览素材，只要将"项目"面板中的素材拖入"源"监视器面板（或双击"项目"面板中的素材），然后单击"播放-停止切换"按钮▶，即可预览素材。

图3-30

功能按钮具体说明如下。

● 添加标记◆：单击该按钮，可在播放指示器位置添加一个标记，快捷键为M。添加标记后再次单击该按钮，可打开标记设置对话框。

● 标记入点◆：单击该按钮，可将播放指示器所在位置标记为入点。

● 标记出点◆：单击该按钮，可将播放指示器所在位置标记为出点。

● 转到入点◆：单击该按钮，可以使播放指示器快速跳转到片段的入点位置。

● 后退一帧（左侧）◀▮：单击该按钮，可以使播放指示器向左侧移动一帧。

● 播放-停止切换▶：单击该按钮，可进行素材片段的播放预览。

● 前进一帧（右侧）▮▶：单击该按钮，可以使播放指示器向右侧移动一帧。

● 转到出点→▮：单击该按钮，可以使播放指示器快速跳转到片段的出点位置。

● 插入▦：单击该按钮，可将"源"监视器面板中的素材插入序列中播放指示器的后方。

● 覆盖▦：单击该按钮，可将"源"监视器面板中的素材插入序列中播放指示器的后方，并会对其后的素材进行覆盖。

● 导出帧◻：单击该按钮，将弹出"导出帧"对话框，如图3-31所示，用户可选择将播放指示器所处位置的单帧画面图像进行导出。

图3-31

● 按钮编辑器➕：单击该按钮，将打开如图3-32所示的"按钮编辑器"，用户可根据实际需求调整按钮的布局。

图3-32

● 仅拖动视频▦：将光标移至该按钮上方，将出现手掌形状图标，此时可将视频素材中的视频单独拖曳至序列中。

● 仅拖动音频▦：将光标移至该按钮上方，将出现手掌形状图标，此时可将视频素材中的音频单独拖曳至序列中。

3.3.2 加载素材

双击"项目"面板中的素材或将素材拖曳到"源"面板中，可以在"源"面板中显示素材，

以便对其进行查看与添加标记等操作，如图3-33和图3-34所示。

图3-33

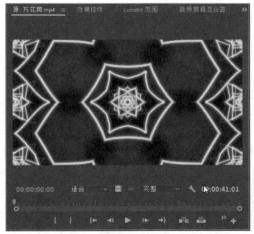

图3-34

若要关闭"源"面板中的素材，单击"源"面板的菜单按钮▤，然后在下拉菜单中选择"关闭"选项来关闭指定素材，也可以选择"全部关闭"选项来关闭所有素材，如图3-35所示。

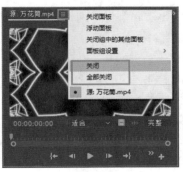

图3-35

3.3.3　标记素材

在"源"面板中打开素材后，按Space键播放当前素材（再次按Space键即暂停），也可以单击播放条下面的图标进行一系列的操作。还可以拖曳播放滑块来快速查看视频内容，如图3-36所示。

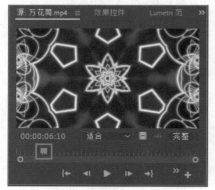

图3-36

在播放过程中，单击"添加标记"图标 或按M键来标记需要做记号的画面，如图3-37所示。该功能通常用于卡点，对一段素材进行标记操作后，在"源"面板中的播放条上会出现标记符号，如图3-38所示。

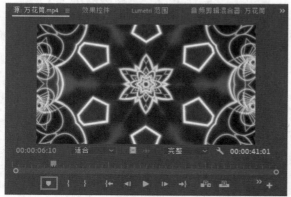

图3-37

图3-38

在空白区域右击，在弹出的快捷菜单中选择"转到下一个标记"或"转到上一个标记"选项，播放滑块将直接跳转到下一个或上一个标记点的位置，以便查找标记点的时间码或画面，如图3-39和图3-40所示。若要删除、隐藏、显示标记符号，右击，在弹出的快捷菜单中选择对应的选项即可。

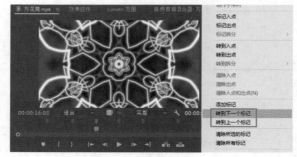

图3-39

图3-40

在"源"面板、"节目"面板和"时间轴"面板中都有播放条，且都有一样的图标标记，其功能都是一样的。将有标记的素材拖曳到"时间轴"面板后，序列中的剪辑条上也会保留一样的标记点，如图3-41所示。

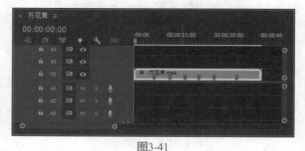

图3-41

3.3.4　设置入点与出点

在使用素材制作剪辑时，通常只会使用其中一段，这时就可以在"源"面板中通过单击"标记入点"按钮 和"标记出点"按钮 来设置素材的播放起点和结束点。下面介绍具体操作方法。

播放素材或拖曳播放滑块，找到需要的视频片段的起点，单击"标记入点"按钮 ![] （快捷键I），设置视频入点，如图3-42所示。

图3-42

继续播放素材或拖曳播放滑块，找到需要的视频片段的结束点，单击"标记出点"按钮 ![] （快捷键O），设置视频出点，如图3-43所示。此时回到"项目"面板中查看素材，"媒体持续时间"为原素材的总时长，后面出现的"视频入点""视频出点"和"视频持续时间"就是截取的视频片段的属性，如图3-44所示。

图3-43

图3-44

将"项目"面板中的素材拖曳到"时间轴"面板中，素材就是截取后的片段。单击"转到入点"按钮 ![] （快捷键Shift+I）或"转到出点"按钮 ![] （快捷键Shift+O），将播放滑块移动到对应的时间点，如图3-45所示。

若使用一个素材的多个片段，可以单击"插入"按钮 ![] 将当前片段直接插入"时间轴"面板，然后继续编辑，继续插入。注意，在单击"插入"按钮时，素材片段是插入"时间轴"面板中播放滑块的后面。同理，单击"覆盖"按钮 ![] 是使用当前片段覆盖掉播放滑块后面的剪辑片段。

图3-45

3.3.5　创建子剪辑

若有一个素材，想保留其中的一个片段或几个片段，以便后续使用，且又不影响原素材在"项目"面板的属性，就可以通过创建子剪辑来完成。

在"源"面板中通过单击"标记入点"按钮 ![] 和"标记出点"按钮 ![] 选择需要的剪辑范围，在剪辑画面上右击，在弹出的快捷菜单中选择"制作子剪辑"选项，如图3-46所示。

图3-46

弹出"制作子剪辑"对话框，根据需要设置"名称"，单击"确定"按钮，如图3-47所示。

图3-47

子剪辑创建完成后，会在"项目"面板中生成子剪辑，且显示子剪辑的"名称""媒体开始""媒体持续时间"等信息，如图3-48所示。注意，子剪辑与常规剪辑的属性相同，可以用素材箱的形式对其进行组织，区别在于子剪辑的图标▤与常规剪辑的图标▤不同，在原始剪辑上制作子剪辑后，原始剪辑会一直保留素材的入点和出点，可以在"源"面板中打开原始剪辑，然后右击，在弹出的快捷菜单中选择"清除入点"和"清除出点"选项。

图3-48

3.3.6 实战——选择素材片段

本实战将详细完整地展示如何选择素材片段的全过程。

01 启动Premiere Pro 2022，使用快捷键Ctrl+O打开路径文件夹中的"选择素材片段.prproj"项目文件。

02 在"项目"面板中双击"奔跑.mp4"素材，将其在"源"监视器面板中打开，此时的素材片段的总时长为00:00:17:21，如图3-49所示。

图3-49

03 在"源"监视器面板中，将播放指示器移动到00:00:03:00位置，单击"标记入点"按钮▮，将当前时间点标记为入点，如图3-50所示。

04 将播放指示器移动到00:00:15:00位置，单击"标记出点"按钮▮，将当前时间点标记为出点，如图3-51所示。

05 将素材从"项目"面板中拖入"时间轴"面板，即可看到素材片段的持续时长由00:00:17:21变为00:00:12:00，如图3-52所示。

图3-50

图3-51

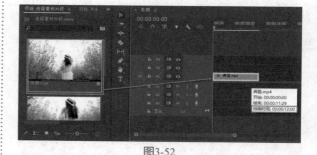

图3-52

3.4 使用时间轴和序列

在Premiere Pro 2022中，"时间轴"面板和序列是剪辑操作时必不可少的两项工具。

3.4.1 认识"时间轴"面板

"时间轴"面板主要负责完成大部分的剪辑工

作，还可以用于查看并处理序列。剪辑工作是必须且高频使用这个面板的，"时间轴"面板相当于剪辑的基石，如图3-53所示。

图3-53

3.4.2 "时间轴"面板功能按钮

"时间轴"面板可以编辑和剪辑视频、音频，为文件添加字幕、效果等，如图3-54所示。

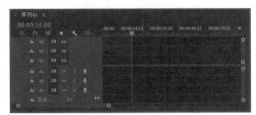

图3-54

功能按钮具体说明如下。

- 播放指示器位置 00:00:15:00：显示当前时间线所在的位置。
- 当前时间指示 ▮：单击并拖动"当前时间指示"按钮即可显示当前素材的时间位置。
- 切换轨道锁定 🔒：单击此按钮，该轨道停止使用。
- 切换同步锁定 ▤：可限制在修剪期间的轨道转移。
- 切换轨道输出 👁：单击此按钮，可隐藏该轨道中的素材文件，以黑场视频的形式呈现在"节目"监视器中。
- 静音轨道 M：单击此按钮，音频轨道会将当前声音静音。
- 独奏轨道 S：单击此按钮，该轨道可成为独奏轨道。
- 画外音录制 🎤：单击此按钮可进行录音操作。
- 轨道音量 0.0：数值越大，轨道音量越大。
- 缩放轨道 ⊙▬⊙：更改时间轴的时间间隔，向左滑动，级别增大，素材占地面积变小；反之，级别变小，素材占地面积变大。
- 视频轨道 V1：可在轨道中编辑静帧图像、序列、视频文件等素材。
- 音频轨道 A1：可在轨道上编辑音频素材。

3.4.3 视频轨道控制区

视频轨道区可编辑静帧图像、序列、视频文件等素材，如图3-55所示。

图3-55

3.4.4 音频轨道控制区

音频轨道可编辑各种音频素材，如图3-56所示。

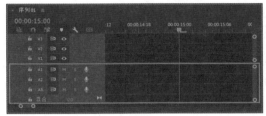

图3-56

3.4.5 显示音频时间单位

在"源"面板时间标尺上右击，在弹出的快捷菜单中选择"显示音频时间单位"选项，如图3-57所示。操作完成后，可查看显示音频时间单位显示情况，如图3-58所示。

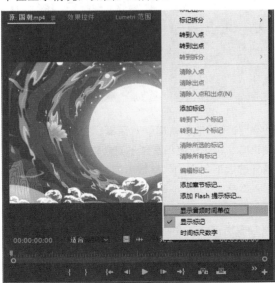

图3-57

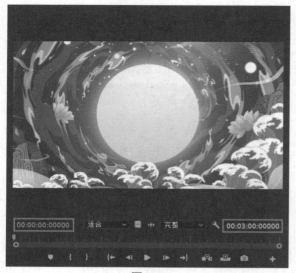

图3-58

图3-61

图3-62

3.4.6 实战——添加／删除轨道

Premiere Pro 2022软件支持用户添加多条视频轨道、音频轨道或音频子混合轨道，以满足项目的编辑需求。下面介绍如何在Premiere Pro 2022序列中添加和删除轨道。

01 启动Premiere Pro 2022件，使用快捷键Ctrl+O打开路径文件夹中的"轨道操作.prproj"项目文件。进入工作界面后，可在时间轴面板中查看当前轨道分布情况，如图3-59所示。

02 在轨道编辑区的空白区域右击，在弹出的快捷菜单中选择"添加轨道"选项，如图3-60所示。

图3-59　　　　　图3-60

03 弹出"添加轨道"对话框，在其中可以添加视频轨道、音频轨道和音频子混合轨道。单击"视频轨道"选项下"添加"参数后的数字1，激活文本框，输入数字2，如图3-61所示，单击"确定"按钮，即可在序列中新增2条视频轨道，如图3-62所示。

> **提示：在"添加轨道"对话框中，用户可以展开"放置"选项下拉列表来选择将新增的轨道放置在已有轨道的前方或后方。**

04 下面进行轨道的删除操作。在轨道编辑区的空白区域右击，在弹出的快捷菜单中选择"删除轨道"选项，如图3-63所示。

图3-63

05 在"删除轨道"对话框中勾选"删除音频轨道"复选框，如图3-64所示，然后单击"确定"按钮，关闭对话框。

06 上述操作完成后，可查看序列中的轨道分布情况，如图3-65所示。

图3-64　　　　　图3-65

3.4.7　锁定与解锁轨道

在"项目"面板中单击V1轨道上"切换轨道锁定"按钮 🔒，将停止V1轨道使用，如图3-66所示。

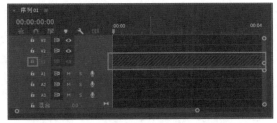

图3-66

再单击"切换轨道锁定"按钮 🔓，即可继续使用V1轨道，如图3-67所示。

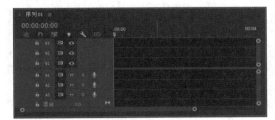

图3-67

3.4.8　创建新序列

创建新序列有两种方法。

1. 通过菜单栏创建

在菜单栏中执行"文件→新建→序列"命令，也可以使用快捷键Ctrl+N直接进入"新建序列"窗口，如图3-68所示。在弹出的"新建序列"窗口中根据素材设置序列格式和名称，然后单击"确定"按钮，此时新建的序列出现在"项目"面板和"时间轴"面板中，如图3-69所示。

2. 通过项目面板创建

在"项目"面板中的空白区域右击，在弹出的快捷菜单中选择"新建项目→序列"选项，同样进入"新建序列"窗口后根据素材设置序列格式和名称，如图3-70所示。

图3-68

图3-69

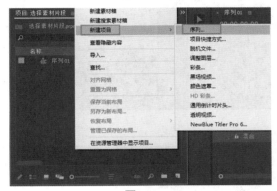

图3-70

3.4.9　序列预设

在Premiere Pro 2022中提供了非常多的序列预设类型，下面讲解剪辑中常用的几种类型。

电影级别ARRI摄像机序列预设标准，如图3-71所示。

图3-71

数码单反相机的拍摄标准，如图3-72所示。

常用DV高清，如图3-73所示。

专业设备预设格式，如图3-74所示。

图3-72

图3-73

图3-74

也可自定义预设格式，根据不同的情况和用途选择序列预设。在菜单栏中执行"文件→新建→序列"命令，弹出"新建序列"窗口，选择"设置"选项卡，设置相应参数，单击"保存预设"按钮，如图3-75所示。在弹出的"保存序列预设"窗口输入名称，单击"确定"按钮，即可设置自定义预设格式，如图3-76所示。

图3-75

图3-76

3.4.10　打开/关闭序列

序列可以在"源"面板和"时间轴"面板中打开，在"项目"面板中选择"序列01"，右击，在弹出的快捷菜单中选择"在源监视器中打开"或者"在时间轴内打开"选项，如图3-77所示。双击"序列"图标，可直接在"时间轴"面板中打开。

图3-77

在"时间轴"面板中单击"序列01"前的 ✕ 按钮,即可关闭序列。

3.5 在序列中剪辑素材

3.5.1 在序列中快速添加素材

将"项目"面板中的任意剪辑素材拖曳到"项目"图标 ▣ 上或直接拖曳到"时间轴"面板中,如图3-78和图3-79所示。Premiere会根据剪辑素材自动创建一个与剪辑素材名称相同的新序列,如图3-80所示。

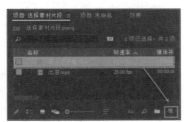

图3-78

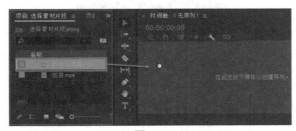

图3-79

图3-80

3.5.2 选择和移动素材

1. 选择素材

在应用剪辑素材之前,通常需要在序列中选择素材。在选择剪辑素材时,应注意以下三点。

● 编辑具有视频和音频的素材,每个素材都至少有一个部分。当视频和音频素材由同一原始摄像机录制时,其会自动链接,单击其中一个,也会自动选择另一个。

● 在"时间轴"面板中可通过使用入点和出点来进行剪辑。

● 进行选择时将启用"选择工具" ▶ (快捷键为V)。

2. 加选/减选

在序列中通过单击可以选择剪辑,按住Shift键单击可加选其他剪辑或取消已选剪辑。双击剪辑则会在"源"面板中打开。

3. 框选

在"时间轴"面板的空白区域按住鼠标左键不放,然后拖曳光标创建一个选择框,可以框选剪辑,如图3-81所示,接着释放鼠标左键,即可选择被框选接触过的剪辑条,如图3-82所示。

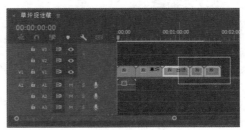

图3-81

图3-82

4. 选择轨道上的连续剪辑

使用"向前选择轨道工具" ▦ (快捷键为A)可以选择轨道上的连续剪辑。选择"向前选择剪辑工具",单击任意轨道上的任意剪辑,所有轨道上从单击位置到序列结尾的剪辑都会被选择,若有音频与这些剪辑链接,音频也会被选择。若在使用

"向前选择轨道工具"时按住Shift键,则会选择当前轨道上从单击位置到序列结尾的剪辑。

仅选择视频和音频,单击"选择工具" ▶,按住Alt键,单击时间轴上的一些剪辑,可只选择视频或音频内容。注意,框选同样适用此操作。

5. 拖曳移动素材

拖动剪辑时,默认模式是覆盖。单击"时间轴"面板左上角的"对齐"按钮 ⬛,剪辑的边缘会自动对齐,如图3-83所示。

图3-83

在"时间轴"面板上单击最后一个剪辑,并向后拖曳一定距离,因为此剪辑之后没有剪辑,所以会在此剪辑前面添加一个空隙并不影响其他剪辑,如图3-84所示。

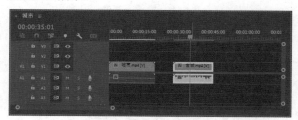

图3-84

在启用"对齐"模式的情况下,向左缓慢拖曳剪辑,直至与其前面剪辑的末尾对齐,再释放鼠标左键,则此剪辑会与上一个剪辑的末尾相接,如图3-85和图3-86所示。

图3-85

图3-86

6. 微移剪辑的快捷键

按一次←键可向左移1帧;若要向左移5帧,则可使用快捷键Shift+←。

按一次→键可向右移1帧;若要向右移5帧,则可使用快捷键Shift+→。

使用快捷键Alt+↑可将剪辑向上移动一个轨道,使用快捷键Alt+↓可将剪辑向下移动一个轨道。

3.5.3 分离视频与音频

在Premiere Pro中处理带有音频的视频素材时,有时需要将捆绑在一起的视频和音频分开成独立个体,分别进行处理,这就需要用到分离操作。而对于某些单独的视频和音频需要同时进行编辑处理时,就需要将其链接起来,便于一次性操作。

要将链接的视音频分离,如图3-87所示,可选择序列中的素材片段,执行"剪辑→取消链接"命令,或使用快捷键Ctrl+L,即可分离视频和音频,此时视频素材的命名后少了"[V]"字符,如图3-88所示。

图3-87

图3-88

若要将视频和音频重新链接起来,只需同时选择要链接的视频和音频素材,执行"剪辑→链接"命令,或使用快捷键Ctrl+L,即可链接视频和音频素材,此时视频素材的名称后方重新出现"[V]"字符,如图3-89所示。

图3-89

3.5.4 激活和禁用素材

当序列中有多个素材时，可以禁用暂时不需要剪辑的素材，方便剪辑其他素材且不影响后续剪辑。

在"时间轴"面板中选择"北京故宫.mp4"素材，右击，在弹出的快捷菜单中取消选择"启用"选项，如图3-90所示。

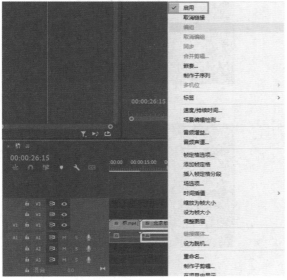

图3-90

此时在"时间轴"面板中，"北京故宫.mp4"禁用素材变成了深蓝色，如图3-91所示。在"节目"监视器面板中的画面为黑色，如图3-92所示。

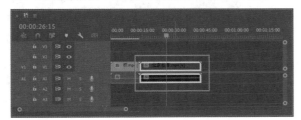

图3-91

图3-92

若想再次启用该素材，可继续选择"北京故宫.mp4"素材，右击，在弹出的快捷菜单中选择"启用"选项，如图3-93所示。此时素材画面重新显示出来，如图3-94所示。

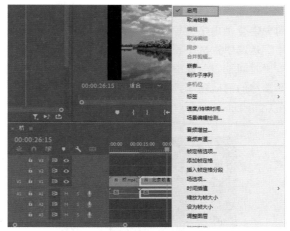

图3-93

图3-94

3.5.5 自动匹配序列

自动匹配序列可根据素材参数调整素材的排列顺序以及呈现效果。

在"项目"面板中同时导入"高楼大厦.mp4""古风古代学堂.mp4""春暖花开.mp4"素材，选择三个素材后单击"项目"面板底部的"自动匹配序列"按钮，将弹出"序列自动化"窗口，如图3-95所示。

图3-95

在"序列自动化"窗口中,在"顺序"的下拉列表中有"排序"和"选择排序"两个选项,"排序"是选中素材按照"项目"面板中的顺序排序导入"时间轴"面板中,而"选择排序"则是按照选择素材的前后顺序排序导入"时间轴"面板中,如图3-96所示。

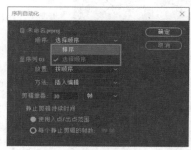

图3-96

在"时间轴"面板中打开"序列03",在"节目"监视器面板底部单击"添加标记"按钮,在00:00:50:00处添加一个标记,如图3-97所示。

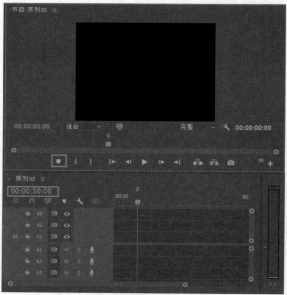

图3-97

选中"项目"面板中的所有素材,单击"自动匹配序列"按钮,如图3-98所示。

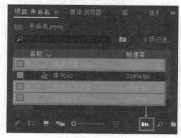

图3-98

弹出"序列自动化"窗口,在"放置"的下拉列表中选择"在未编号标记"选项,如图3-99所示。在"方式"的下拉列表中选择"插入编辑"选项,然后单击"确定"按钮,如图3-100所示。

图3-99

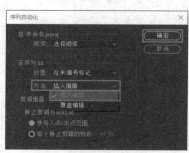

图3-100

选中的素材将会在标记处后面按照顺序添加素材,此时标记将会移动,添加所有素材的时长,如图3-101所示。

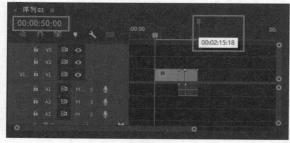

图3-101

若在"方式"的下拉列表中选择"覆盖编辑"选项,标记将不会改变,所有素材导入在标记处后面,如图3-102和图3-103所示。

图3-102

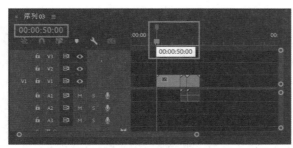

图3-103

在"序列自动化"窗口中，"忽略选项"中有"忽略音频"和"忽略视频"选项，"忽略音频"是指素材导入"时间轴"面板中只有视频，如图3-104和图3-105所示。

图3-104

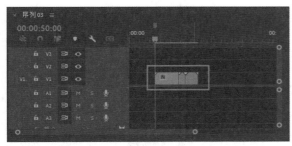

图3-105

而"忽略视频"则是指素材导入"时间轴"面板中只有音频，如图3-106和图3-107所示。

图3-106

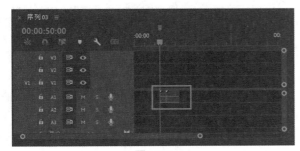

图3-107

3.5.6 实战——调整素材播放速度

由于不同的影片播放需求，有时需要将素材进行快放或慢放，以此来增强画面的表现力。在

Premiere Pro中，可以通过调整素材的播放速度来实现素材的快放或慢放操作。

01 启动Premiere Pro 2022软件，使用快捷键Ctrl+O打开路径文件夹中的"调整播放速度.prproj"项目文件。

02 在"时间轴"面板中右击"陆家嘴航拍.mp4"素材，在弹出的快捷菜单中选择"速度/持续时间"选项，如图3-108所示。

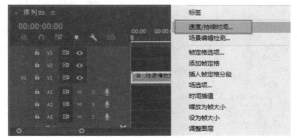

图3-108

03 弹出"剪辑速度/持续时间"对话框，如图3-109所示，此时"速度"为100%，代表素材原本的播放速度。

图3-109

04 在"速度"选项后的文本框中输入参数为200，此时素材持续时间变为00:00:05:24，如图3-110所示，代表素材片段的总时长变短，素材的播放速度变快。同理，如果"速度"低于100%，则素材的片段总时长变长，素材的播放速度将变慢。

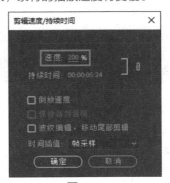

图3-110

39

提示：除了可以在"速度"文本框中手动输入参数，还可以将光标放置在数值上，待光标变为左右箭头状态后，左右拖曳即可调整数值。

05 完成速度的调整后，单击"确定"按钮关闭对话框，可在"节目"监视器面板中预览调整后的片段效果，如图3-111所示。

图3-111

提示：调整素材的播放速度会改变原始素材的帧数，这会影响影片素材的运动质量和音频素材的声音质量。因此对于一些自带音频的片段素材，要根据实际需求进行变速调整。

3.5.7 实战——分割素材

在将素材添加至"时间轴"面板后，可通过工具面板中的"剃刀工具" 对素材进行分割操作，下面介绍具体操作方法。

01 启动Premiere Pro 2022软件，使用快捷键Ctrl+O打开路径文件夹中的"切割素材.prproj"项目文件。进入工作界面后，可查看"时间轴"面板中已经添加完成的素材片段，如图3-112所示。

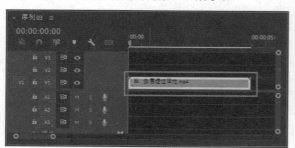

图3-112

02 在"时间轴"面板中，将播放指示器移动到00:00:01:02位置，然后在工具面板中单击"剃刀工具"按钮，如图3-113所示。

03 将光标移至素材上方时间线所在位置，如图3-114所示，单击，即可将素材沿当前时间线所处位置进行

分割，如图3-115所示。

图3-113

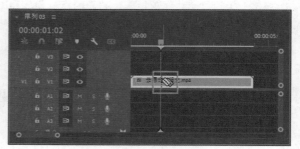

图3-114

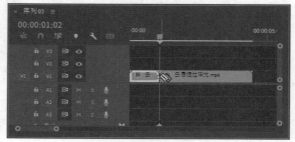

图3-115

04 上述操作完成后，素材片段被一分为二，使用"选择工具" 可对分割后的素材进行拖动调整操作，如图3-116所示。

图3-116

3.6 素材的高级编辑技巧

3.6.1 素材的编组

在操作时通过对多个素材进行编组处理，将

多个素材文件转换为一个整体，可同时选择或添加效果。

在"项目"面板中空白区域双击，在弹出的对话框中选择"樱花.mp4""樱花少女.mp4""樱花树.mp4"素材，导入"项目"面板中，将"樱花树.mp4"和"樱花.mp4"素材拖曳到"时间轴"面板的V1轨道上，将"樱花少女.mp4"素材拖曳到V2轨道上，起始时间为第2秒，结束时间与V1轨道上的"樱花树.mp4"结束时间对齐，如图3-117所示。

图3-117

对"樱花树.mp4"和"樱花少女.mp4"素材进行编组操作，方便为素材添加相同的视频效果。选中"樱花树.mp4"和"樱花少女.mp4"素材文件，右击，在弹出的快捷菜单中选择"编组"选项，如图3-118所示。此时这两个素材文件可同时进行选择或移动，如图3-119所示。

图3-118

图3-119

为编组对象添加"水平翻转"效果。在"效果"面板的搜索框中搜索"水平翻转"，如图3-120所示。

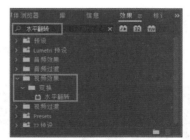

图3-120

单击，将该效果拖曳到编组对象上，如图3-121所示。此时"樱花树.mp4"和"樱花少女.mp4"素材文件均发生了水平翻转变化，效果如图3-122所示。

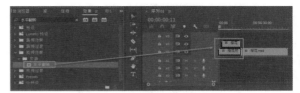

图3-121

图3-122

3.6.2 提升和提取编辑

通过执行序列"提升"或"提取"命令，可以使序列标记从"时间轴"中轻松移除素材片段。

在执行"提升"编辑操作时，会从"时间轴"

面板中提升出一个片段，然后在已删除素材的地方留下一段空白区域；在执行"提取"编辑操作时，会移除素材的一部分，然后素材后面的帧会前移，补上删除部分的空缺，因此不会有空白区域。

在序列中插入一段持续时间为15s的素材，如图3-123所示，然后将播放指示器移动到00:00:03:00位置，按快捷键I标记入点，如图3-124所示。

图3-123

图3-124

将播放指示器移动到00:00:10:00位置，按快捷键O标记出点，如图3-125所示。

图3-125

标记完成片段的入点出点后，执行"序列→提升"命令，或者在"节目"监视器窗口中单击"提升"按钮，即可完成"提升"编辑操作，如图3-126所示，此时在视频轨道中将留下一段空白区域。

图3-126

执行"编辑→撤销"命令，撤销上一步操作，使素材回到未执行"提升"命令前的状态。接着，执行"序列→提取"命令，或者在"节目"监视器窗口中单击"提取"按钮，即可完成"提取"编辑操作，如图3-127所示，此时从入点到出点之间的素材都已被移除，并且出点之后的素材向前移动，在视频轨道中没有留下空白区域。

图3-127

3.6.3 实战——插入和覆盖编辑

插入编辑是指在播放指示器位置添加素材，同时播放指示器后面的素材将向后移动；覆盖编辑是指在播放指示器位置添加素材，添加素材与播放指示器后面的素材重叠的部分被覆盖了，且不会向后移动。下面分别演示插入和覆盖编辑的操作。

01 启动Premiere Pro 2022软件，使用快捷键Ctrl+O打开路径文件夹中的"插入和覆盖编辑.prproj"项目文件。进入工作界面后，可查看"时间轴"面板中已经添加完成的素材片段，如图3-128所示，可以看到该素材片段的持续时间为15s。

图3-128

02 在"时间轴"面板中，将播放指示器移动到00:00:05:00位置，如图3-129所示。

图3-129

03 将"项目"面板中的"梦幻极光下的灯塔.jpg"素材拖入"源"监视器面板(这里素材的默认持续时间为5s),然后单击"源"监视器面板下方的"插入"按钮[图],如图3-130所示。

筑.jpg"素材将被插入00:00:15:00位置,同时原本位于播放指示器后方的"梦幻极光下的灯塔.jpg"素材被替换(即被覆盖)成了"南京阅江楼传统建筑.jpg",如图3-134所示。

图3-130

图3-133

04 上述操作完成后,"梦幻极光下的灯塔.jpg"素材将被插入序列中00:00:05:00位置,同时"梦幻极光下的灯塔.jpg"素材被分割为两个部分,原本位于播放指示器后方的"梦幻极光下的灯塔.jpg"素材向后移动了,如图3-131所示。

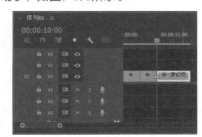

图3-131

图3-134

08 在"节目"监视器面板中可以预览调整后的影片效果,如图3-135所示。

05 下面演示覆盖编辑操作。在"时间轴"面板中,将播放指示器移动到00:00:15:00位置,如图3-132所示。

图3-132

06 将"项目"面板中的"南京阅江楼传统建筑.jpg"素材拖入"源"监视器面板(这里素材的默认持续时间为5s),然后单击"源"监视器面板下方的"覆盖"按钮[图],如图3-133所示。

07 上述操作完成后,"南京阅江楼传统建

图3-135

图3-135（续）

> 提示：该案例素材的默认持续时间为5s，可自行调整。用户在具体操作时请以自身软件设置的默认持续时间为准。

3.6.4 查找与删除时间轴的间隙

非线性编辑的特点是可以随意移动剪辑并删除不需要的剪辑部分。删除部分剪辑时，执行"提升"命令会留下间隙（执行"提取"命令则不会）。当复杂序列被缩小后很难发现序列间隙，所以需要通过自动查找寻找并删除间隙。

要自动查找间隙，需先选择序列，按↓键，"时间轴"面板中的播放滑块将自动移动到下一个素材上，如图3-136所示。

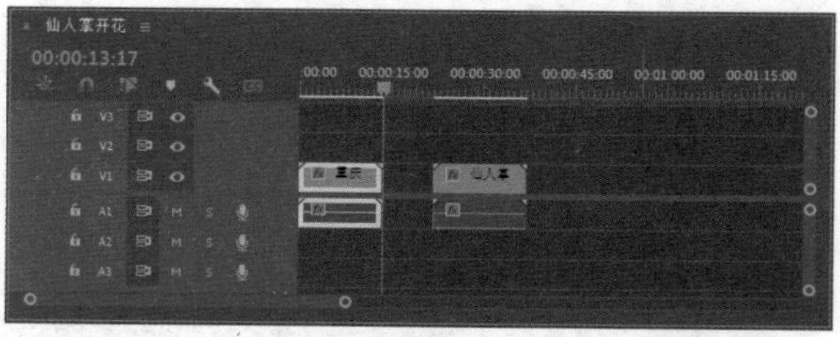

图3-136

找到间隙并选择间隙，然后按Delete键或右击，然后在弹出的快捷菜单中选择"波纹删除"选项，即可删除间隙，如图3-137所示。

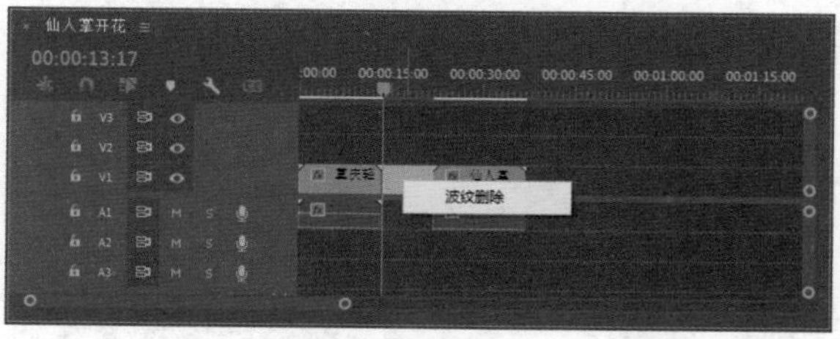

图3-137

3.6.5 实战——波纹删除素材

"波纹删除"命令能很好地提高工作效率，常搭配"剃刀工具"一起使用。在剪辑时，一般会将废弃的片段进行删除，但直接删除素材往往会留下空隙。而执行"波纹删除"命令则不用再去移动其他素材来填补删除后的空隙，其在删除素材的同时能将前后素材文件自动连接在一起。

01 启动Premiere Pro 2022软件，使用快捷键Ctrl+O打开路径文件夹中的"波纹删除.prproj"项目文件，效果如图3-138和图3-139所示。

图3-138

图3-139

02 在工具箱中单击"剃刀工具"按钮，然后将时间线滑动到00:00:10:00位置，如图3-140所示。

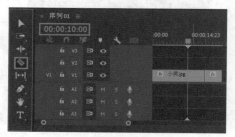

图3-140

03 在时间线所在位置单击"小狗.jpg"素材，此时"小狗.jpg"素材被分割为两个部分，如图3-141所示。

图3-141

04 单击"选择工具"按钮 ▶，右击时间线右侧后半段部分的"小狗.jpg"素材，在弹出的快捷菜单中选择"波纹删除"选项，如图3-142所示。

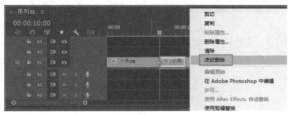

图3-142

05 完成上述操作后，在"时间轴"面板中的"猫咪.jpg"素材将自动向前跟进，与剩下的"小狗.jpg"素材连接在一起，如图3-143所示。

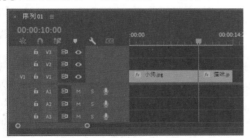

图3-143

3.7　综合实战——清晨早起 Vlog

本实战将介绍制作清晨早起Vlog（Vlog中文名微录，是博客的一种类型，全称是video blog或video log，意思是视频记录、视频博客、视频网络日志），本节实战选用日出、闹钟、起床、拉窗帘等视频素材和音频素材来展示女孩早起的生活片段。

01 启动Premiere Pro 2022软件，使用快捷键Ctrl+O打开路径文件夹中的"清晨早起vlog.prproj"项目文件。

02 在"项目"面板的空白区域双击，弹出"导入"窗口，选择需要导入的素材，使用快捷键Ctrl+A可全选素材，单击"打开"按钮，如图3-144所示。

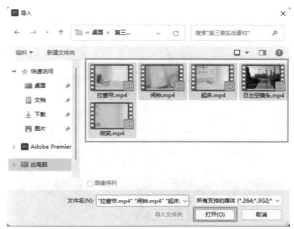

图3-144

03 进入工作界面后，执行"文件→新建→序列"命令，或使用快捷键Ctrl+N，弹出"新建序列"对话框，打开"设置"选项卡，在"编辑模式"的下拉菜单中选择"自定义"选项，如图3-145所示。将"帧大小"的数值调整为1280，"水平"的数值调整为720，在"像素长宽比"的下拉菜单栏中选择"方形像素（1.0）"选项，如图3-146所示。

图3-145

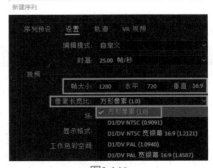

图3-146

04 在"场"的下拉菜单栏中选择"无场（逐行扫描）"选项，单击"确定"按钮，如图3-147所示。

05 在"项目"面板中双击"日出空镜头.mp4"素材，将其在"源"监视器面板中打开，此时的素材片段的总时长为00:01:29:19，如图3-148所示。

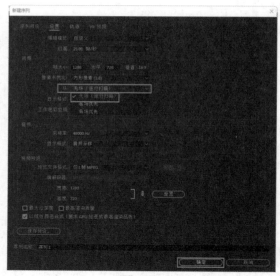

图3-147

图3-148

06 "日出空镜头"视频素材时长过长,使用入点与出点选取素材片段,方便后续剪辑使用,将播放指示器移动到00:00:40:00位置,单击"标记入点"按钮,将当前时间点标记为入点,如图3-149所示。再将播放指示器移动到00:00:45:00位置,单击"标记出点"按钮,将当前时间点标记为出点,如图3-150所示。

图3-149

图3-150

07 其他视频素材也可根据需要在"源"面板上选取使用的素材片段,如图3-151和图3-152所示。

08 选取素材片段后,将视频素材按照时间逻辑顺序("日出空镜头""闹钟""起床""拉窗帘""微笑")依次拖曳至"时间轴"面板中的V1轨道上,如图3-153所示。

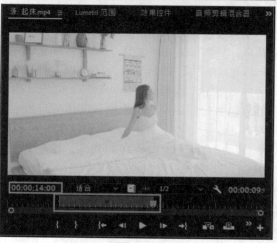

图3-151

图3-152

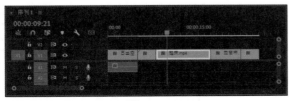

图3-153

09 在"时间轴"面板中右击 "日出空镜头.mp4" 素材,在弹出的快捷菜单中选择"取消链接"选项,快捷键为Ctrl+L,如图3-154所示,并删除"1.mp4" 的音频素材,如图3-155所示。

10 在"项目"面板中导入"清晨.wav"音频素材,并将其拖曳至"时间轴"面板中A1上,如图3-156所示。

图3-154

图3-155

图3-156

11 在"时间轴"面板中,"清晨.wav"音频素材时长超过了视频素材总时长,将播放滑块移动到00:00:25:03处,可以使用"剃刀工具"✂或者将光标移动至"清晨.wav"音频素材结尾处,当光标变成✂时,可以缩短持续时间,如图3-157所示。

图3-157

12 在"节目"监视器面板中可以预览最终画面效果,如图3-158所示。

图3-158

47

图3-158（续）

3.8　本章小结

本章主要介绍了关于素材剪辑的一些基础理论及操作，剪辑基本理论包括蒙太奇概念、镜头组接的技巧与原则，以及剪辑的基本流程。剪辑工作并不是单纯地将所有的素材拼凑在一起，好的影片往往需要靠大量的理论营造画面感和故事逻辑，希望通过这些理论基础，可以帮助用户更全面地了解剪辑工作。此外，本章还介绍了Premiere Pro 2022中的剪辑工具和各类剪辑操作，在编辑影片中，灵活地运用软件提供的各项剪辑命令或快捷工具，可以大大节省操作时间，有效提升剪辑工作的效率。

第 4 章

视频的转场效果

视频的转场效果，又称为镜头切换，其可以作为两个素材之间的处理效果，例如划像、叠变、卷页等，从而实现场景或情节之间的平缓过渡，达到丰富画面、吸引观众的效果，这样的技巧就是转场过渡。

本章将详细讲解Premiere Pro 2022中转场效果的使用方法和实际应用技巧。

本章重点 ▶

- 添加视频转场效果
- 调整转场效果的参数

- 视频转场效果

本章效果图欣赏

4.1　认识视频转场

视频转场在影片的制作过程中具有至关重要的作用,其可以将两段素材更好地融合在一起,实现两个场景的平滑过渡。

4.1.1　视频转场效果概述

视频转场效果也可以称为视频切换,主要是用在两个素材之间,以实现画面场景的切换。通常在影视制作中,将视频过渡效果添加在两个相邻素材的中间,在播放时可产生相对平缓或连贯的视觉效果,从而达到增强画面氛围感,吸引观者眼球的目的,如图4-1所示。

图4-1

在Premiere Pro 2022中,视频过渡效果的操作基本在"效果"面板与"效果控件"面板中完成,如图4-2和图4-3所示。其中"效果"面板"视频过渡"文件夹包含了10组视频过渡效果。

图4-2

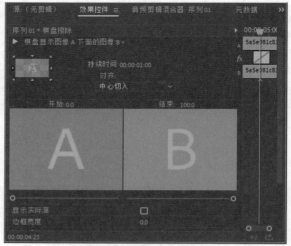

图4-3

4.1.2　"效果"面板的使用

打开"效果"面板,在"预设"和"Lumetri预设"卷展栏下右击,在弹出的快捷菜单中选择"导入预设"选项,即可将保存的预设文件导入"效果"面板的素材箱中,如图4-4所示。

图4-4

需要注意的是,Premiere自带的预设效果是无法删除的,而用户自定义预设可以删除。选择需要删除的预设文件,然后单击"效果"面板右下角的

"删除自定义项目"按钮■，即可删除预设文件，如图4-5所示。

图4-5

4.1.3 实战——添加视频转场效果

视频转场效果在影视编辑工作中的应用十分频繁，通过为作品添加视频转场效果，可以令原本普通的画面增色不少。本实战通过案例具体讲解添加视频转场效果的操作方法。

01 启动Premiere Pro 2022软件，使用快捷键Ctrl+O打开路径文件夹中的"转场效果.prproj"项目文件。进入工作界面后，可以看到"时间轴"面板中已经添加并排列完成的两段素材，如图4-6所示。

图4-6

02 在"效果"面板中，展开"视频过渡"文件夹，选择"溶解"效果组中的"交叉溶解"选项，将其拖曳添加至"时间轴"面板中的两段素材中间，如图4-7所示。

图4-7

03 除上述方法以外，还可以选择在"效果"面板中的效果搜索栏中输入效果名称来快速找到所需效果，如图4-8所示。

图4-8

04 完成视频过渡效果的添加后，在"节目"监视器面板中可预览最终效果，如图4-9所示。

图4-9

4.1.4 自定义转场效果

在应用视频转场效果后，还可以对转场效果进行编辑，使其更适应影片需求。视频转场效果的参数调整可以在"时间轴"面板中完成，也可以选择在"效果控件"面板中进行调整，这么做的前提是必须在"时间轴"面板中选中转场效果，然后才可以对其进行编辑。

在"效果控件"面板中，用户可以调整转场效果的作用区域，"对齐"下拉列表提供了4种对齐方式，如图4-10所示，用户可以通过设置不同的对齐方式来控制转场效果。此外，用户还可以选择在该面板中调整转场效果的持续时间、对齐方式、开始和结束的数值、边框宽度、边框颜色、消除锯齿品质等参数。

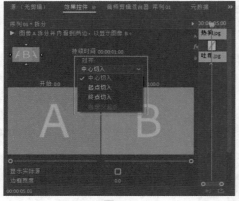

图4-10

"对齐"下拉列表中各种对齐方式说明如下。

- 中心切入：转场特效添加在相邻素材的中间位置。
- 起点切入：转场特效添加在第二个素材的开始位置。
- 终点切入：转场特效添加在第一个素材的结束位置。
- 自定义起点：通过鼠标拖动转场特效，自定义转场的起始位置。

4.1.5 实战——调整转场效果的持续时间

在为素材添加了视频转场效果后，用户可以进入"效果控件"面板对效果的持续时间进行调整，制作出符合作品要求的转场效果。

01 启动Premiere Pro 2022软件，使用快捷键Ctrl+O打开路径文件夹中的"时长调整.prproj"项目文件。进入工作界面后，可以看到"时间轴"面板中已经添加并排列完成的两段素材，素材中间已经添加了"3D切片立方体"视频过渡效果，如图4-11所示。

图4-11

02 在"时间轴"面板中，单击选中素材中间的"3D切片立方体"效果，打开"效果控件"面板，如图4-12所示。

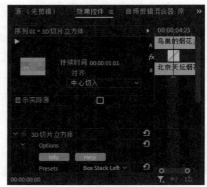

图4-12

03 单击"持续时间"选项后的数字（此时代表过渡效果的持续时间为1s），进入编辑状态，然后输入00:00:03:00，将过渡效果的持续时间调整为3s，按Enter键结束编辑，如图4-13所示。

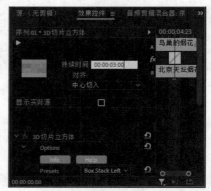

图4-13

04 完成上述操作后，在"节目"监视器面板中可预览最终效果，如图4-14所示。

提示：除上述方法外，用户还可以选择在"时间轴"面板中右击视频过渡效果，在弹出的快捷菜单中选择"设置过渡持续时间"选项，如图4-15所示；或者双击过渡效果，在弹出的对话框中同样可以调整效果的持续时间。

图4-14

图4-15

4.2　常见视频转场效果

Premiere Pro 2022为用户提供了多种典型且实用的视频转场效果特效，并对这些视频转场效果进行了分组，分组包括 "内滑" "沉浸式视频" "溶解" 等，下面进行具体介绍。

4.2.1　3D 运动类转场效果

"3D运动"特效组的效果主要是为了体现场景的层次感，可为画面营造从二维空间到三维空间的视觉效果，该类型包含了多种三维运动的视频转场效果。

1. 3D切片立方体

"3D切片立方体"效果是使第二个场景以条状立方体的形式旋转来实现前后场景的切换。应用效果如图4-16所示。

图4-16

2. Impact 3D方块

"Impact 3D方块"效果是将两个场景作为方块，以上下旋转的方式来实现前后场景的切换。应用效果如图4-17所示。

53

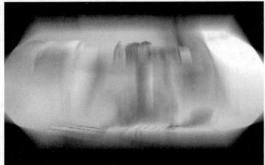

图4-17

3. Impact 3D 翻转

"Impact 3D 翻转"效果是将两个场景模拟成一张纸的两个面，然后通过翻转纸张的方式来实现两个场景的转换。通过单击"效果控件"面板中的"自定义"按钮，可以设置不同的"带"和填充颜色。应用效果如图4-18所示。

图4-18

图4-18（续）

4.2.2 内滑类转场效果

"内滑"特效组的效果主要是以滑动的形式来实现场景的切换，下面讲解几个比较常用的视频转场效果。

1. 急摇

"急摇"效果是第一个场景与第二个场景来回交替播放，中间将会产生黑场的状态，应用效果如图4-19所示。

2. s_带状滑块

"s_带状滑块"效果是使第二个场景以条状形式从上向下滑入画面，直至覆盖第一个场景。应用效果如图4-20所示。

图4-19

图4-19（续）

图4-20

图4-20（续）

3. Impact 推动

"Impact 推动"效果是使第二个场景从画面的一侧出现，并将第一个场景推出画面。应用效果如图4-21所示。

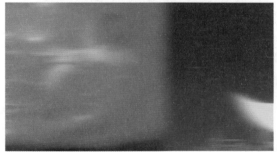

图4-21

4.2.3　划像类转场效果

"划像"特效组的效果主要是可将一个场景进行伸展，并逐渐切换到另一个场景，下面讲解几个比较常用的视频转场效果。

1. 四楔形划像

"四楔形划像"效果是使第二个场景呈X字形在画面中心出现，然后逐渐遮盖住第一个场景。应用效果如图4-22所示。

图4-22

2. 圆划像

"圆划像"效果是使第一个场景呈圆形在画面中心逐渐缩小，然后逐渐呈现出第二个场景。应用效果如图4-23所示。

3. 星形划像

"星形划像"效果是使第一个场景呈星形在画面中心逐渐缩小，然后逐渐呈现出第二个场景。应用效果如图4-24所示。

图4-23

图4-23（续）

图4-24

4. 扇形划像

"扇形划像"效果是使第二个场景呈时钟划过画面，逐渐遮盖住第一个场景。应用效果如图4-25所示。

图4-25

4.2.4　擦除类过渡效果

"擦除"特效组主要是通过两个场景的相互擦除来实现场景的转换，下面讲解几个比较常用的视频转场效果。

1. 带状滑块

"带状滑块"效果是使第二个场景以条状从上至下进入画面，并逐渐覆盖第一个场景。应用效果如图4-26所示。

2. 径向擦除

"径向擦除"效果是使第二个场景从第一个场景的以中心为圆心扫入画面，并逐渐覆盖第一个场景。应用效果如图4-27所示。

图4-26

图4-27

图4-27（续）

3. 时钟式擦除

"时钟式擦除"效果是将第二个场景以时钟旋转的方式逐渐覆盖第一个场景。应用效果如图4-28所示。

图4-28

4. 百叶窗

"百叶窗"效果是使第二个场景以百叶窗的形式旋转逐渐显示，并覆盖第一个场景。应用效果如图4-29所示。

图4-29

4.2.5 沉浸式视频类过渡效果

"沉浸式视频"转场特效需要用户通过头显设备来体验视频编辑内容，用户可以自行尝试使用。该特效组中包含了8种VR转场特效，如图4-30所示。

图4-30

4.2.6 溶解类视频过渡效果

"溶解"类视频过渡效果是视频编辑时常用的一类转场特效，可以较好地表现事物之间的缓慢过渡及变化。下面讲解几个比较常用的视频转场效果。

1. MorphCut

MorphCut效果在处理单个拍摄对象的"头部特写"采访视频、固定拍摄（极少量的摄像机移动的情况）和静态背景（包括避免细微的光照变化）等这些特征的素材时效果极佳。该效果的具体应用方法如下。

- 在"时间轴"面板中设置素材的入点和出点，选择要删除的剪辑部分。
- 在"效果"面板中，找到MorphCut效果，并将该效果拖至"时间轴"面板中剪辑之间的编辑点上。
- 应用 MorphCut 效果后，剪辑分析立即在后台开始，同时，"在后台进行分析"的横幅会显示在节目监视器中，表明正在执行分析，如图4-31所示。

图4-31

完成分析后，将以编辑点为中心创建一个对称过渡。过渡持续时间符合为"视频过渡默认持续时间"指定的默认 30 帧。在"首选项"对话框中可以更改默认持续时间。

> 提示：每次对所选 MorphCut 进行更改甚至撤销更改操作时，Premiere Pro 都会重新触发新的分析，但是用户不需要删除之前分析过的任何数据。

2. 交叉溶解

"交叉溶解"效果在第一个场景淡化消失的同时，会使第二个场景逐渐淡化出现。应用效果如图4-32所示。

3. 叠加溶解

"叠加溶解"效果是将第一个场景作为纹理贴图映像给第二个场景，以实现高亮度叠化的转换效果。应用效果如图4-33所示。

图4-32

图4-33

图4-33（续）

4. 白场过渡

"白场过渡"效果会使第一个场景逐渐淡化到白色场景，然后从白色场景淡化到第二个场景。应用效果如图4-34所示。

图4-34

5. 胶片溶解

"胶片溶解"效果是使第一个场景产生胶片朦

胧的效果，同时逐渐转换至第二个场景。应用效果如图4-35所示。

图4-35

6. 黑场过渡

"黑场过渡"效果是使第一个场景逐渐淡化到黑色场景，然后从黑色场景淡化到第二个场景。应用效果如图4-36所示。

图4-36

图4-36（续）

图4-37（续）

4.2.7　缩放类视频过渡效果

"缩放"特效组中只有一个视频过渡效果，即"交叉缩放"效果，该效果会先将第一个场景放至最大，切换到第二个场景的最大化，然后第二个场景缩放到合适大小。应用效果如图4-37所示。

4.2.8　页面剥落视频过渡效果

"页面剥落"特效组中的视频过渡效果会模仿翻开书页的形式来实现场景画面的切换。"页面剥落"特效组中包含了一种视频过渡效果。

"翻页"效果会将第一个场景从一角卷起（卷起后的背面会显示出第二个场景），然后逐渐显现第二个场景。应用效果如图4-38所示。

图4-37

图4-38

4.2.9 实战——添加风景转场效果

下面以实例的形式讲解如何在Premiere Pro中为素材添加合适的转场效果，以制作出完整的影片效果。

01 启动Premiere Pro 2022软件，使用快捷键Ctrl+O打开路径文件夹中的"风景.prproj"项目文件。进入工作界面后，在"时间轴"面板中选择"春天梅花.jpg""荷塘白鹅.jpg"和"梅花.jpg"素材，右击，在弹出的快捷菜单中选择"速度/持续时间"选项，如图4-39所示。

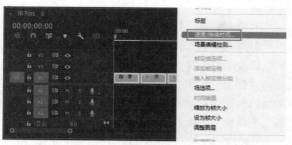

图4-39

02 弹出"剪辑速度/持续时间"对话框，调整"持续时间"为00:00:03:00（之前默认的持续时间为5s），并勾选"波纹编辑，移动尾部剪辑"复选框，如图4-40所示。单击"确定"按钮，"时间轴"面板中的素材将统一缩短，如图4-41所示。

图4-40　　　　　　图4-41

03 在"效果"面板中，选择"溶解"效果组中的"白场过渡"选项，将其拖曳添加至"时间轴"面板中的"春天梅花.jpg"素材的起始位置，如图4-42所示。

图4-42

04 在"效果"面板中，选择"Sapphire 转场"

效果组中的"四楔形划像"选项，将其拖曳添加至"时间轴"面板中的"春天梅花.jpg"和"荷塘白鹅.jpg"素材的中间，如图4-43所示。

图4-43

05 在"效果"面板中，选择"溶解"效果组中的"交叉溶解"选项，将其拖曳添加至"时间轴"面板中的"荷塘白鹅.jpg"和"梅花.jpg"素材的中间，如图4-44所示。

图4-44

06 在"效果"面板中，选择"溶解"效果组中的"黑场过渡"选项，将其拖曳添加至"时间轴"面板中的"梅花.jpg"素材的结尾处，如图4-45所示。

图4-45

07 完成效果的添加后，在"节目"监视器面板中预览最终效果，如图4-46所示。

图4-46

图4-46（续）

图4-47（续）

图4-48

4.3　影片的转场技巧

4.3.1　无技巧性转场

运用镜头拍摄的方式自然地链接上下两段不同视频素材的方式叫做无技巧转场，这种转场方式主要适用于蒙太奇镜头段落之间的转换，对比情节段落转换时主要强调的心理隔断性不同，无技巧转场更加强调视觉的连续性。在剪辑过程中，并不是任意两个镜头之间都可以应用无技巧转场的形式，运用无技巧转场的形式时需要注意寻找合理的转换因素和适当的造型因素。无技巧转场的方法主要有以下13种，下面分别进行介绍。

1. 两极镜头转场

两极镜头转场是利用前后镜头在景别、动静等方面的对比，从而形成较为明显的段落层次。两极镜头转场可以大幅度省略无关紧要的过程，有助于整片的节奏感，如图4-47所示。

2. 同景别转场

以前一个场景结尾的镜头与后一个场景开头的镜头景别相同的方式进行转场，称为"同景别转场"。这种方式可以使观众集中注意力，增加场面过渡衔接的紧凑感，如图4-48所示。

3. 特写转场

特写转场指无论前一组镜头的最后一个镜头是什么景别，下一个镜头都以特写镜头开始，从而对局部进行放大以达到突出强调的效果，形成"视觉重音"，如图4-49所示。

图4-47

图4-49

图4-49（续）

4. 声音转场

声音转场是利用音乐、音响、解说词、对白等与画面进行配合，从而实现转场的方式，可分为三大类。

利用声音过渡所具有的和谐性转换到下一个段落，通常以声音的延续、提前进入、前后段落声音相似部分的叠化等方式实现。

利用声音的呼应关系弱化画面转换时的视觉跳动感，从而实现时空大幅度转换。

利用前后声音的反差，加大段落间隔，增强节奏感。通常有两种方式，即某声音戛然而止，镜头转换到下一个段落；或者后一段落声音突然增大、出现，利用声音吸引观众注意力，促使人们关注下一段落。

5. 空镜头转场

空镜头转场指借助空镜头（或称景物镜头）作为两个段落的间隔。空镜头大致分为两类，一类是以景为主物为衬，例如山河、田野、天空等，通过这些画面展示不同的地理风貌，表示时间变化和季节变换；另一类镜头是以物为主景为衬，例如在镜头前驶过的交通工具或建筑、雕塑、室内陈设等。通常使用这些镜头挡住画面或特写状态作为转场时机，如图4-50所示。

图4-50

图4-50（续）

6. 封挡镜头转场

封挡镜头转场指镜头被画面内运动的主体在运动过程中暂时完全挡住，使得观众无法从镜头中辨别出被摄物体的形状和质地等特性，随后转换到下一镜头的方式。

依据遮挡方式不同，大致可分为两类情形，一是主体迎面而来挡黑摄像机镜头；二是画面内前景暂时挡住画面内其他人或物，成为覆盖画面的唯一形象。例如，拍摄一个马路对面人物的镜头，前景中驶过的汽车突然挡住了画面主角，如图4-51所示。

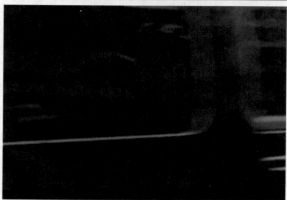

图4-51

图4-51（续）

7. 相似体转场

相似体转场指上下镜头的主体形象相同或具有相似性，两个物体的形状相近，位置重合，运动方向、速度、色彩、等方面具有较高的一致性等，以此转场来达到视觉的连续、顺畅的目的，如图4-52所示。

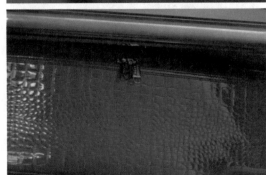

图4-52

8. 地点转场

地点转场指根据叙事的需要，不考虑前后两个画面是否具有连贯因素而直接进行切换（通常使用硬切），以满足场景转换。此种转场方式比较适用于新闻类节目，如图4-53所示。

9. 运动镜头转场

运动镜头转场指通过镜头的运动完成画面的转场，或利用前后镜头中人物、交通工具等动势的可衔接性及动作的相似性作为媒介，完成转场，如图4-54所示。

图4-53

图4-54

10. 同一主体转场

同一主体转场指前后两个场景用相同的物体进行衔接，形成上镜与下镜的承接关系，如图4-55所示。

图4-55

11. 出画入画转场

出画入画转场指前后镜头分别为主体走出画面和走入画面的情形，通常适用于转换时空的场景，如图4-56所示。

12. 主观镜头转场

主观镜头转场指前一个镜头为主体人物及视觉方向，后一个镜头为（想要）主体人物看到的内容。通过前后镜头间的主观逻辑关系来处理场面转换问题，也可用于大时空转换，如图4-57所示。

图4-56

图4-56（续）

图4-57

13. 逻辑因素转场

逻辑因素转场指运用前后镜头的因果、呼应、并列、递进、转折等逻辑关系进行转场，使转场更具有合理性。在广告视频中经常会使用此类转场，如图4-58所示。

图4-58

图4-58（续）

4.3.2 实战——制作相似体转场

本实战使用了相似体转场效果，如图4-59所示。

图4-59

图4-59（续）

01 启动Premiere Pro 2022软件，使用快捷键Ctrl+O打开路径文件夹中的"相似体转场.prproj"项目文件。进入工作界面后，在"项目"面板中按照"台球镜头1.mp4""台球镜头2.mp4""台球镜头3.mp4"的顺序将视频素材拖曳至"时间轴"面板的V1视频轨道，将"音乐.wav"音频素材拖曳至"时间轴"面板的A1音频轨道，如图4-60所示。

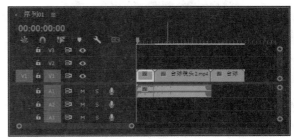

图4-60

02 根据音乐节奏卡点截选视频素材所需长度，如图4-61所示。

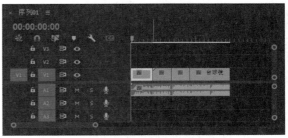

图4-61

03 在"台球镜头1.mp4"素材中选取合适的位置截断，并给前段素材添加"Extract（提取）"效果，如图4-62所示。

04 选中前段素材，打开"效果控件"面板，在开始帧分别为"Black Input Level（输出黑色阶）"和

"White Input Level（输出白色阶）"添加一个数值为0的关键帧，再将"Black Input Level（输出黑色阶）"改为64，"White Input Level（输出白色阶）"改为192，分别在结束帧添加一个关键帧，如图4-63所示。

图4-62

图4-63

05 在"台球镜头1.mp4"素材的截断处添加一个"交叉溶解"效果，设置对齐方式为"中心切入"。使用了相似体转场的镜头效果如图4-64所示。

图4-64

4.3.3 技巧性转场

本节介绍8类技巧转场的制作方法，包含淡入/淡出、缓淡、闪白、划像、翻转、定格、叠化和多画屏。

1. 淡入/淡出转场

淡入是指下一段落第一个镜头的画面逐渐显现直至达到正常亮度为止，淡出是指上一段落最后一个镜头的画面逐渐隐去直至达到黑场为止，从而使剪辑更加自然流畅地过渡至开始或结束。而淡入或淡出位置需要在实际编辑时根据视频的情节、情绪、节奏的要求来决定。在两段剪辑的淡出与淡入之间添加一段黑场可以增添间隙感。

打开"效果"面板，选择视频过渡中的"交叉溶解"选项，并单击拖曳此效果至视频素材最前端与末尾处，如图4-65所示。

图4-65

可将效果添加至两个视频素材的衔接处，如图4-66所示。双击轨道中的"交叉溶解"文字，弹出"设置过渡持续时间"对话框，如图4-67所示，输入所需效果持续时间。

图4-66

图4-67

音频也可设置淡入/淡出效果，选择"音频过渡"中的"恒定功率"选项，如图4-68所示，单击并拖曳此效果至音频素材前端与末尾处，如图4-69所示。另外，还可以拖曳至第一段剪辑的结束处或第二段剪辑的开始处。

图4-68

图4-69

2. 缓淡——减慢转场

缓淡转场通常用于强调抒情、思索、回忆等情绪，让观众产生悬念。可通过放慢渐隐速度或添加黑场来实现这种转场效果。

3. 闪白——加快转场

闪白通常可以用来掩盖镜头的剪辑点，从视觉上增加跳动感，具体效果是将画面转为亮白色。

将素材"种植树苗.mp4"和"爱护植物.mp4"导入"项目"面板中，并将其拖曳到"时间轴"面板中，如图4-70所示。

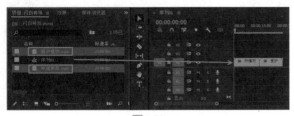

图4-70

在"效果"面板中搜索"白场过渡"并将其拖曳至视频转接处，如图4-71所示。设置持续时间为10帧，对齐方式为"中心切入"，如图4-72所示。

图4-71

图4-72

4. 划像（二维）转场

划像可分为划出与划入，前一画面从某一方向退出屏幕称为划出，下一个画面从某一方向进入屏幕称为划入，根据画面进出荧幕的方向不同，又可分为横划、竖划、对角线划等，多用于两个内容意义差别较大的画面之间的转换。

5. 翻转（三维）转场

翻转是指画面以屏幕中线为轴转动，前一段落为正面画面消失，而背面画面转到正面开始另一画面（类似书本翻页），多用于对比或对照性较强的画面转换。

6. 定格转场

定格是指画面中的运动主体突然变为静止状态，使人产生瞬间的视觉停顿，接着出现下一个画面，常用于不同主题段落之间的转换。

7. 叠化转场

叠化是指前一个镜头的画面与后一个镜头的画面相互叠加，前一个镜头的画面逐渐隐去，而后一个镜头的画面逐渐显现的过程。叠化的作用有如下三种：用于时间的转换，表示时间的消逝；用于空间的转换，表示空间已发生变化；用于梦境、想象、回忆等插叙、回叙场合的表现。

8. 多画屏分割转场

多画屏也成为多画面、多画格或多银幕，是把屏幕一分为多，可以是多重剧情并列发展，从而压缩时间，深化视频内涵。

4.3.4　实战——制作多屏分割转场

本实战使用了音频的淡出、画面分屏效果，属于多画屏分割转场，如图4-73所示。

01 启动Premiere Pro 2022软件，使用快捷键Ctrl+O打开路径文件夹中的"多屏分割转场.prproj"项目文件。进入工作界面后，导入素材。

图4-73

02 将"项目"面板中的音频拖曳至A1轨道上,并截选所需长度,在音频末端添加一个"恒定功率"的效果,形成声音的淡出。根据音乐节奏卡点,如图4-74所示,其中堆叠的素材为画面分屏效果做准备。

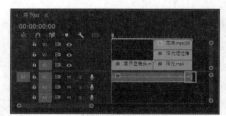

图4-74

03 打开V3轨道"花海"素材的"效果控件"面板,设置"位置"的X轴数值为65.5,Y轴数值为418.9,"缩放"的数值为90,如图4-75所示。

图4-75

图4-75(续)

04 添加一个"线性擦除"效果,打开"效果控件"面板,设置"过渡完成"的数值为35%,"擦除角度"的数值为225.0°,如图4-76所示。

图4-76

05 使用同样的方法完成V2轨道上的"阳光透过指尖.mp4"素材的位置,如图4-77所示。

图4-77

图4-77（续）

06　执行"文件→新建→旧版标题"命令，弹出"新建字幕"对话框，单击"确定"按钮，如图4-78所示。

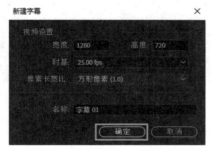

图4-78

07　使用"矩形工具"▧绘制一个与接缝长度接近的矩形，填充为白色，调整角度并拖曳至接缝处，如图4-79所示。另一边同理。

图4-79

08　画面四周也是用"矩形工具"制作一个画框，如图4-80所示。

09　这个图层在"项目"面板中显示为字幕图层，将该图层拖曳至V4轨道上，调整长度至与堆叠素材长度相同，如图4-81所示。

图4-80

图4-81

4.4　综合实战——动感 MV 转场特效

本实战主要介绍两种转场效果：技巧性转场和视频效果转场，通过嘻哈女孩多个镜头的转场来到达到动感的效果，进一步为观者带来极佳的视听体验。

1. 编辑素材

01　启动Premiere Pro 2022软件，使用快捷键Ctrl+O打开路径文件夹中的"嘻哈女孩.prproj"项目文件。进入工作界面后，在"项目"面板中按照数字顺序将其拖入时间轴面板的V1视频轨道，如图4-82所示。

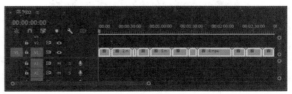

图4-82

02　在"时间轴"面板中右击"1.mp4"素材，在弹出的快捷菜单中选择"速度/持续时间"选项，弹出"剪辑速度/持续时间"对话框，将"速度"调整为400，单击"确定"按钮，如图4-83所示。

03　其他视频素材可根据视频内容调整速度，调整完成所有视频素材速度后，执行"序列→封闭间隙"

命令，删除其素材之间的空隙，如图4-84所示。

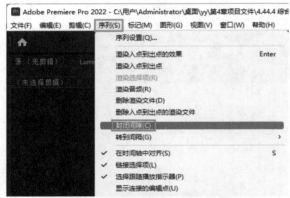

图4-83

图4-84

04 在"项目"面板中将"Trap Hip Hop运动音乐.wav"音频素材拖曳到"时间轴"面板中A1轨道上，将播放滑块移动到需要标记的位置上，在"节目"监视器上单击"添加标记"按钮，在音频素材上进行设置卡点标记，便于后续卡点转场，如图4-85所示。

05 根据标记位置修改视频素材时长（可以使用"剃刀"工具或者直接拖曳视频素材结尾部分），并且删除视频素材之间的空隙，然后再将多余的音频素材和标记删除，如图4-86所示。

图4-85

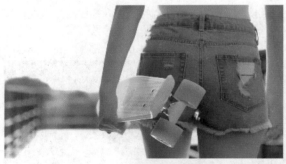

图4-86

2. 技巧性转场

本节介绍的是技巧性转场，利用设置视频效果的参数来进行制作转场效果，此次添加的技巧性转场是"缩放模糊"，效果如图4-87所示。

图4-87

图4-87（续）

01 在"项目"面板中右击，在弹出的快捷菜单中选择"新建项目→调整图层"选项，弹出"调整图层"对话框，默认设置，单击"确定"按钮，如图4-88所示。

图4-88

02 将"调整图层"拖曳到"时间轴"面板中V2轨道上，将"调整图层"的持续时间调整为10帧，并将"调整图层"与"1.mp4"素材的结尾对齐，如图4-89所示。

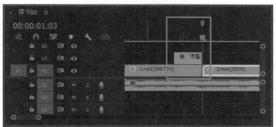

图4-89

03 在"效果"面板中添加"视频效果→扭曲"效果，选择"变换"特效并将其拖曳到调整图层上，如图4-90所示。

图4-90

04 在"效果控件"面板中展开"变换"参数，勾选"等比缩放"复选框，设置"缩放"的数值为50，如图4-91所示。

图4-91

05 在"效果"面板中添加"视频效果→扭曲"效果，选择"镜像"特效并将其拖曳到调整图层上，如图4-92所示。

06 在"效果"面板中展开"镜像"参数，设置"反射中心"的X轴数值为959，如图4-93所示。

图4-91（续）

图4-92

图4-93

07 同理添加一个"镜像"特效在"调整图层"上，这次设置"反射角度"的数值为90，"反射中心"的Y轴数值为535，如图4-94所示。

图4-94

图4-94（续）

08 再添加一个"镜像"特效在"调整图层"上，这次设置"反射角度"的数值为-90，"反射中心"的Y轴数值为180，如图4-95所示。

图4-95

09 最后再添加一个"镜像"特效在"调整图层"上，这次设置"反射角度"的数值为180，"反射中心"的X轴数值为321，如图4-96所示。

图4-96

图4-96（续）

10 在"效果"面板中添加"视频效果→扭曲"效果，选择"变换"特效并将其拖曳到"调整图层"上，把播放滑块移动到"调整图层"素材的起点，勾选"等比缩放"复选框，在"缩放"属性前单击"切换动画"按钮，添加第1个关键帧，设置"缩放"的数值为200，如图4-97所示，再移动到"调整图层"的结尾，添加第2个关键帧，设置"缩放"的数值为100，如图4-98所示。

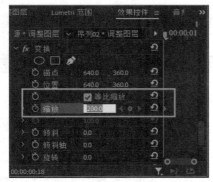

图4-97

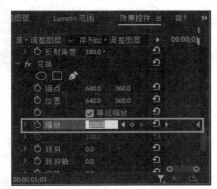

图4-98

11 选择两个关键帧右击，在弹出的快捷菜单中选择"缓入""缓出"选项，如图4-99所示。

12 取消勾选"使用合成的快门角度"复选框，设置"快门角度"的数值为180，可增加视频缩放时的模糊度，如图4-100所示。

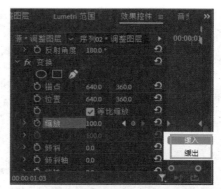

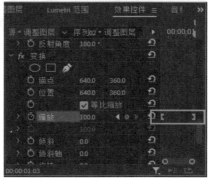

图4-99

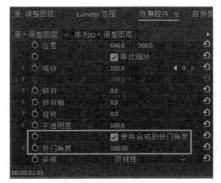

图4-100

13 在"项目"面板中新建一个"调整图层"，将其拖曳到"时间轴"面板中V2轨道上，第二个"调整图层"与第一个"调整图层"首尾对齐，如图4-101所示。

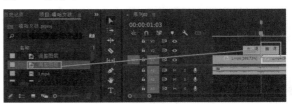

图4-101

14 在"效果"面板中添加"视频效果→扭曲"效果，选择"变换"特效并将其拖曳到"调整图层"上，与第一个上一步的操作一致，如图4-102所示。

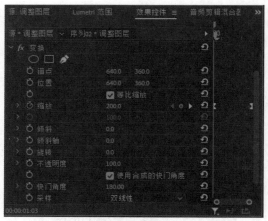

图4-102

3. 视频过渡转场效果

本节将用到"Impact 缩放模糊""故障""Impact 射线""Impact 切片""Impact 径向模糊""霓虹灯""无缝平移""Impact 推动""急摇""黑场过渡"转场特效,可在"效果"面板搜索框中直接搜索获取转场效果。

01 在"效果"面板中执行"视频过渡→FilmImpact 转场2"命令,选择"Impact 缩放模糊"特效,将其拖曳到素材"2.mp4"与"3.mp4"之间,双击"Impact 缩放模糊",弹出"设置过渡持续时间"对话框,调整数值为00:00:00:10,如图4-103所示。

图4-103

02 在"效果"面板中执行"视频过渡→RG Universe 转场过渡"命令,选择"故障"特效,将其拖曳到素材"3.mp4"与"4.mp4"之间,双击"故障",也可以单击"故障",在"效果控件"面板中调整持续时间,调整数值为00:00:00:10,在"对齐"的下拉菜单中选择"中心切入"选项,如图4-104所示。

03 素材"4.mp4"与"5.mp4"之间添加的是"Impact 射线"转场特效,如图4-105所示。素材

"5.mp4"与"6.mp4"之间添加的是"Impact 切片"转场特效,如图4-106所示。

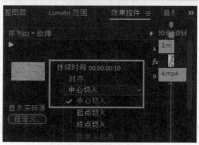

图4-104

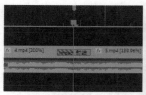

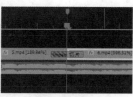

图4-105　　　　　　图4-106

04 素材"6.mp4"与"7.mp4"之间添加的是"Impact 径向模糊"转场特效,如图4-107所示。素材"7.mp4"与"8.mp4"之间添加的是"霓虹灯"转场特效,如图4-108所示。

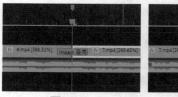

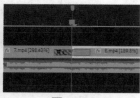

图4-107　　　　　　图4-108

05 素材"8.mp4"与"9.mp4"之间添加的是"无缝平移"转场特效,如图4-109所示。素材"9.mp4"与"10.mp4"之间添加的是"Impact 推动"转场特效,如图4-110所示。

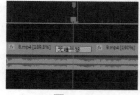

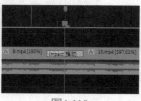

图4-109　　　　　　图4-110

06 素材"10.mp4"与"11.mp4"之间添加的是"急摇"转场特效,如图4-111所示。在素材"11.mp4"

的结尾处添加"黑场过渡"特效，如图4-112所示。

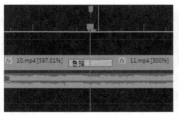

图4-111   图4-112

07 在"节目"监视器面板中可以预览最终画面效果，如图4-113所示。

图4-113

图4-113（续）

4.5 本章小结

　　本章主要介绍了视频转场效果的添加与应用，并为用户说明和展示了各个转场特效的特点与应用效果。本章还通过多个实例来帮助用户熟练掌握转场效果的使用方法，通过这些特效，可以有效地节省用户制作镜头过渡效果的时间，提高用户的工作效率。灵活运用Premiere Pro内置的各种转场效果，可以使影片衔接更加自然、有趣，在一定程度上增加影视作品的艺术感染力。

第 5 章

关键帧动画

在Premiere Pro 2022中，通过为素材的运动参数添加关键帧，可产生基本的位置、缩放、旋转和不透明度等动画效果，还可以为已经添加至素材的视频效果属性添加关键帧来营造丰富的视觉效果。

本章重点 ▶

- 关键帧设置原则
- 移动关键帧

- 创建关键帧
- 关键帧的复制和粘贴

本章效果图欣赏

5.1　认识关键帧

关键帧动画主要是通过为素材的不同时刻设置不同的属性，使时间推进的这个过程产生变换效果。

5.1.1　认识关键帧

影片由一张张连续的图像组成，每一张图像代表一帧。帧是动画中最小单位的单幅影像画面，相当于电影胶片上的每一格镜头，在动画软件的时间轴上，帧表现为一格或一个标记。在影片编辑处理中，PAL制式每秒为25帧，NTSC制式每秒为30帧，而"关键帧"是指动画上关键的时刻，任何动画要表现运动或变化，至少前后要给出两个不同状态的关键帧，而中间状态的变化和衔接，由计算机自动创建完成，称为过渡帧或中间帧。

在Premiere Pro中，用户可以通过设置动作、效果、音频及多种其他属性参数来制作出连贯的动画效果，如图5-1所示为在Premiere Pro中设置缩放动画后的图像效果。

图5-1

5.1.2　关键帧设置原则

在Premiere Pro中设置关键帧时，遵循以下几个原则可以有效地提高工作效率。

● 使用关键帧创建动画时，可在"时间轴"面板或"效果控件"面板中查看并编辑关键帧。在"时间轴"面板中编辑关键帧，适用于只具有一维数值参数的属性，如素材的不透明度和音频音量等；而"效果控件"面板则更适合二维或多维数值的设置，如位置、缩放或旋转等。

● 在"时间轴"面板中，关键帧数值的变换会以图像的形式进行展现，因此可以更加直观地分析数值随时间变化的趋势。在"效果控件"面板中也可以以图像化显示关键帧，一旦某个属性的关键帧功能被激活，便可以显示其数值及其速率图。

● 在"效果控件"面板中可以一次性显示多个属性的关键帧，但只能显示所选的素材片段；而"时间轴"面板则可以一次性显示多个轨道、多个素材的关键帧，但每个轨道或素材仅显示一种属性。

● 音频轨道效果的关键帧可以在"时间轴"面板或"音频剪辑混合器"面板中进行调节。

5.1.3　默认效果控件

效果的控制都需要在"效果控件"面板中进行调整，在"效果控件"面板中默认的控件有三个，分别是运动、不透明度和时间重映射。

1. 运动效果控件

在Premiere Pro中，"运动"效果控件包括位置、缩放、旋转、锚点及防闪烁滤镜等调控参数，如图5-2所示。

图5-2

"运动"参数说明如下。

● 位置：通过设置该参数可以使素材图像在"节目"监视器面板中进行移动，参数后的两个值分别表示帧的中心点在画面上的X和

Y坐标值，如果两个值均为0，则表示帧图像的中心点在画面左上角的原点处。

● 缩放："缩放"数值为100时，代表图像为原大小。参数下方的"等比缩放"复选框默认为勾选状态，若取消勾选，则可分别对素材进行水平拉伸和垂直拉伸。在视频编辑中，设置的缩放动画效果可以作为视频的开场，或实现素材中局部内容的特写，这是视频编辑中常用的运动效果之一。

● 旋转：在设置"旋转"参数时，将素材的锚点设置在不同的位置，其旋转的轴心也不同。对象在旋转时将以其锚点作为旋转中心，用户可以根据需要对锚点位置进行调整。

● 锚点：即素材的轴心点，素材的位置、旋转和缩放都是基于锚点来进行操作的。通过调整参数右侧的坐标数值，可以改变锚点的位置。此外，在"效果控件"面板中选中"运动"栏，即可在"节目"监视器窗口中看到锚点，如图5-3所示，并可以直接拖动改变锚点的位置。锚点是以帧图像左上角为原点得到的坐标值，所以在改变位置的值时，锚点坐标是相对不变的。

图5-3

● 防闪烁滤镜：对处理的素材进行颜色的提取，减少或避免素材中画面闪烁的现象。

2. 不透明度控件

"不透明度"效果控件包括不透明度和混合模式两个设置，如图5-4所示。

图5-4

"不透明度"参数说明如下。

● 不透明度：该参数可用来设置剪辑画面的显示，数值越小，画面就越透明。通过设置不透明度关键帧，可以实现剪辑在序列中显示或消失、渐隐渐现等动画效果，常用于创建淡入淡出效果，使画面过渡自然。

● 混合模式：用于设置当前剪辑与其他剪辑混合的方式，与Photoshop中的图层混合模式相似，混合模式分为普通模式组、变暗模式组、变亮模式组、对比模式组、比较模式组和颜色模式组共6个组、27个模式。

5.2 创建关键帧

本节介绍Premiere Pro中创建关键帧的几种操作方法。

5.2.1 单击"切换动画"按钮激活关键帧

在"效果控件"面板中，每个属性前都有一个"切换动画"按钮，如图5-5所示，单击该按钮可激活关键帧，此时按钮会由灰色变为蓝色；再次单击该按钮，则会关闭该属性的关键帧，此时按钮变为灰色。

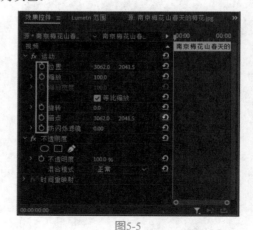

图5-5

5.2.2 实战——为图像设置缩放动画

在将素材添加到"时间轴"面板中后，选择需要设置关键帧动画的素材，然后在"效果控件"面板中通过调整播放指示器的位置确定需要插入关键帧的时间点，并通过更改所选属性的参数来生成关键帧动画。

01 启动Premiere Pro 2022软件，使用快捷键Ctrl+O打开路径文件夹中的"缩放动画.prproj"项目文件。进入工作界面后，可以看到"时间轴"面板中已经添加完成的素材，如图5-6所示。

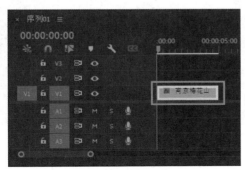

图5-6

02 在"时间轴"面板中选择"南京梅花山.jpg"素材，进入"效果控件"面板，单击"缩放"属性前的"切换动画"按钮，在当前时间点创建第1个关键帧，如图5-7所示。

图5-7

03 调整播放指示器位置，将当前时间设置为00:00:02:00，然后修改"缩放"的参数为220，此时会自动创建出第2个关键帧，如图5-8所示。

图5-8

04 完成上述操作后，在"节目"监视器面板中可预览缩放动画效果，如图5-9所示。

图5-9

提示：需要注意的是，在创建关键帧时，需要在同一个属性中至少添加两个关键帧才能产生动画效果。

5.2.3 使用"添加／移除关键帧"按钮添加关键帧

在"效果控件"面板中，使用"切换动画"按钮为某一属性添加关键帧后（激活关键帧），属性右侧将出现"添加/移除关键帧"按钮，如图5-10所示。

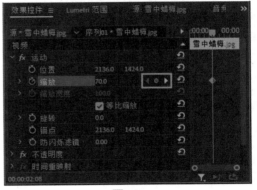

图5-10

当播放指示器处于关键帧位置时，"添加/移除关键帧"按钮为蓝色状态，此时单击该按钮可以移除该位置的关键帧；当播放指示器所处位置没有关键帧时，"添加/移除关键帧"按钮为灰色状态，此时单击该按钮可在当前时间点添加一个关键帧。

5.2.4 实战——在"节目"监视器面板中添加关键帧

选中素材并在"效果控件"面板中激活关键帧属性后，用户便可以选择在"节目"监视器面板中调整素材来创建之后的关键帧。下面介绍在"节目"监视器面板中添加关键帧的操作方法。

01 启动Premiere Pro 2022软件，使用快捷键Ctrl+O打开路径文件夹中的在"节目"监视器面板中添加关键帧.prproj"项目文件。进入工作界面后，可以看到"时间轴"面板中已经添加完成的素材，如图5-11所示。

图5-11

02 在"时间轴"面板中选择"雪中腊梅.jpg"素材，进入"效果控件"面板，在当前时间点（00:00:00:00）位置单击"缩放"属性前的"切换动画"按钮，在当前时间点创建第1个关键帧，设置"缩放"的数值为50，如图5-12所示，当前图像效果如图5-13所示。

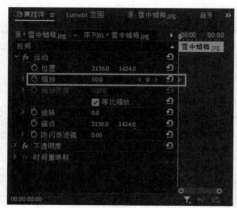

图5-12

图5-13

03 调整播放指示器位置，将当前时间设置为00:00:02:00，然后在"节目"监视器面板中双击"雪中腊梅.jpg"素材，此时素材周围出现控制点，如图5-14所示。

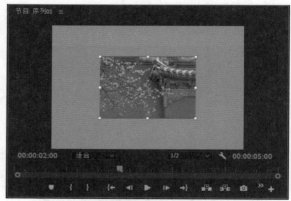

图5-14

04 将光标放置在控制点上方，按住鼠标左键缩放素材，将图像进行放大，如图5-15所示。

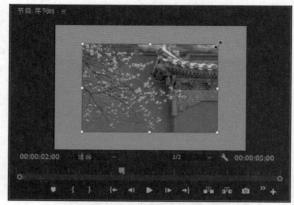

图5-15

05 此时在"效果控件"面板中，当前所处的00:00:02:00位置会自动创建一个关键帧，如图5-16所示。

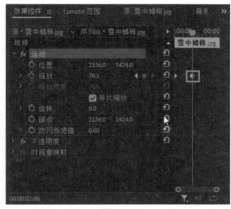

图5-16

06 完成上述操作后，在"节目"监视器面板中可预览最终的动画效果，如图5-17所示。

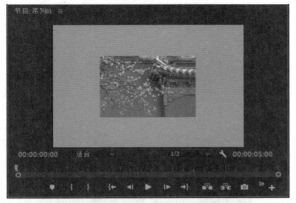

图5-17

5.2.5 实战——在时间轴面板中添加关键帧

在"时间轴"面板中添加关键帧，有助于用户更加直观地分析和调整变换参数。下面讲解在"时间轴"面板中添加关键帧的操作方法。

01 启动Premiere Pro 2022软件，使用快捷键Ctrl+O打开路径文件夹中的"在时间轴面板中添加关键

帧.prproj"项目文件。进入工作界面后，可以看到"时间轴"面板中已经添加完成的素材，如图5-18所示。

图5-18

02 在"时间轴"面板中，双击V2轨道上"粽子.jpg"素材前的空白位置，将素材展开，如图5-19所示。

图5-19

03 右击V2轨道上的"粽子.png"素材，在弹出的快捷菜单中选择"显示剪辑关键帧→不透明度→不透明度"选项，如图5-20所示。

图5-20

04 将时间线移动到起始帧的位置，单击V2轨道前的"添加/移除关键帧"按钮，此时在素材上方添加了1个关键帧，如图5-21所示。

图5-21

05 将时间线移动到00:00:02:00位置，继续单击V2轨道前的"添加/移除关键帧"按钮 ◎，为素材添加第2个关键帧，如图5-22所示。

图5-22

06 选择素材上方的第1个关键帧，将该关键帧向下拖动（向下表示不透明度数值减小），如图5-23所示。

图5-23

07 完成上述操作后，在"节目"监视器面板中可预览最终的动画效果，如图5-24所示。

图5-24

5.3 移动关键帧

移动关键帧所在的位置可以控制动画的节奏，

例如两个关键帧隔得越远，最终动画所呈现的节奏就越慢；两个关键帧隔得越近，最终动画所呈现的节奏就越快。

5.3.1 移动单个关键帧

在"效果控件"面板中，展开已经制作完成的关键帧效果，单击工具箱中的"移动工具"按钮▶，将光标放在需要移动的关键帧上方，按住鼠标左键左右移动光标，当移动到合适的位置时，释放鼠标左键，即可完成移动操作，如图5-25所示。

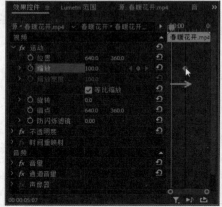

图5-25

5.3.2 移动多个关键帧

单击工具箱中的"移动工具"按钮▶，按住鼠标左键将需要移动的关键帧进行框选，接着将选中的关键帧向左或向右进行拖曳，即可完成多个关键帧的移动操作，如图5-26所示。

当想要同时移动的关键帧不相邻时，单击工具箱中的"移动工具"按钮▶，按住Ctrl键或Shift键的同时，选中需要移动的关键帧进行拖曳即可，如图5-27所示。

图5-26

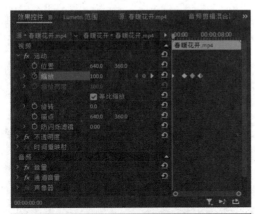

图5-27

5.4　删除关键帧

在实际操作中，有时会在素材文件中添加多余的关键帧，这些关键帧既无实质性用途，又会使动画变得复杂，此时需要将多余的关键帧进行删除处理。下面介绍删除关键帧的几种常用方法。

5.4.1　使用快捷键快速删除关键帧

单击工具箱中的"移动工具"按钮▶，然后在"效果控件"面板中选择需要删除的关键帧，按Delete键即可完成删除操作，如图5-28所示。

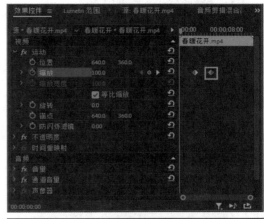

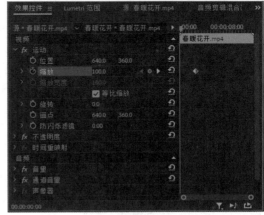

图5-28

5.4.2　使用"添加/移除关键帧"按钮删除关键帧

在"效果控件"面板中，将时间线滑动到需要删除的关键帧上，此时单击已启用的"添加/移除关键帧"按钮◀ ◎ ▶，即可删除关键帧，如图5-29所示。

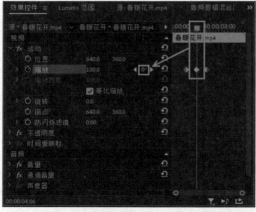

图5-29

5.4.3 在快捷菜单中清除关键帧

单击工具箱中的"移动工具"按钮▶，右击选择需要删除的关键帧，在弹出的快捷菜单中选择"清除"选项，即可删除所选关键帧，如图5-30所示。

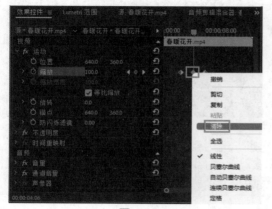

图5-30

5.5 复制关键帧

在制作影片或动画时，经常会遇到不同素材使用同一动画效果的情况，这就需要设置相同的关键帧。在Premiere Pro中，选中制作完成的关键帧动画，通过复制、粘贴命令，可以以更快捷的方式完成其他素材的动画制作。下面介绍几种复制关键帧的操作方法。

5.5.1 使用 Alt 键复制

单击工具箱中的"移动工具"按钮▶，在"效果控件"面板中选择需要复制的关键帧，然后按住Alt键将其向左或向右拖曳进行复制，如图5-31所示。

图5-31

5.5.2 在快捷菜单中复制

单击工具箱中的"移动工具"按钮▶，在"效果控件"面板中右击需要复制的关键帧，在弹出的快捷菜单中选择"复制"选项，如图5-32所示。

将播放指示器移动到合适位置，右击，在弹出的快捷菜单中选择"粘贴"选项，此时复制的关键帧会出现在播放指示器所处位置，如图5-33所示。

图5-32

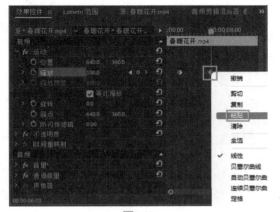

图5-33

5.5.3　使用快捷键复制

单击工具箱中的"移动工具"按钮▶，单击选中需要复制的关键帧，然后使用快捷键Ctrl+C进行复制。接着，将播放指示器移动到合适位置，使用快捷键Ctrl+V进行粘贴，如图5-34所示。该方法在制作动画时操作简单且节约时间，是比较常用的一种方法。

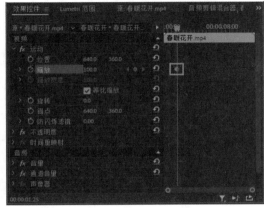

图5-34

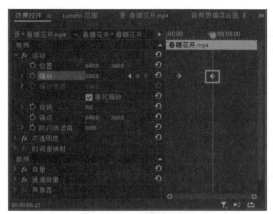

图5-34（续）

5.5.4　实战——复制关键帧到其他素材

除了可以在同一个素材中复制和粘贴关键帧，用户还可以选择将关键帧动画复制到其他素材上。下面讲解复制关键帧到其他素材的具体操作方法。

01 启动Premiere Pro 2022软件，使用快捷键Ctrl+O打开路径文件夹中的"复制关键帧到其他素材.prproj"项目文件。进入工作界面后，可以看到"时间轴"面板中已经添加完成的素材，如图5-35所示。

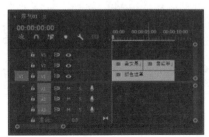

图5-35

02 将当前时间设置为00:00:00:00，在"时间轴"面板中选择"圣女果.jpg"素材，进入"效果控件"面板，单击"缩放"属性前的"切换动画"按钮◎，在当前时间点创建第1个关键帧，如图5-36所示。

图5-36

03 将当前时间设置为00:00:02:20，然后设置"缩放"的数值为0，系统将自动创建一个关键帧，如图5-37所示。

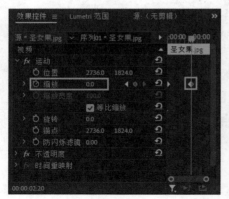

图5-37

04 在"效果控件"面板中，按住Ctrl键，然后分别单击两个"缩放"关键帧，将其选中，如图5-38所示，使用快捷键Ctrl+C进行复制。

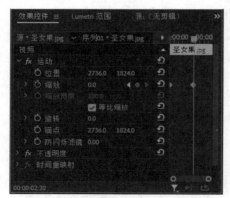

图5-38

05 在"时间轴"面板中选择"茵红李.jpg"素材，并将时间线移动到00:00:05:00位置（时间线需在"茵红李.jpg"素材上方），如图5-39所示。

图5-39

06 在"效果控件"面板中选择"缩放"属性，使用快捷键Ctrl+V粘贴关键帧，如图5-40所示。

07 完成上述操作后，在"节目"监视器面板中可预览最终的动画效果，如图5-41所示。

图5-40

图5-41

5.6 关键帧插值

插值是指在两个已知值之间填充未知数据的过程。在Premiere Pro中，关键帧插值可以控制关键帧的速度变化状态，主要分为"临时插值"和"空间插值"两种。一般情况下，系统默认使用线性插值法，若想要更改插值类型，可右击关键帧，在弹出的快捷菜单中进行类型更改，如图5-42所示。

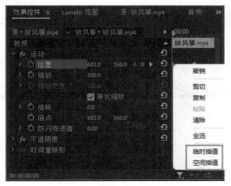

图5-42

5.6.1　临时插值

临时插值是控制关键帧在时间线上的速度变化状态。临时插值快捷菜单如图5-43所示，下面对快捷菜单中的各个选项进行具体介绍。

图5-43

1. 线性

"线性"插值可以创建关键帧之间的匀速变化。首先在"效果控件"面板中针对某一属性添加两个或两个以上的关键帧，然后右击添加的关键帧，在弹出的快捷菜单中选择"临时插值→线性"选项，拖动时间线，当时间线与关键帧位置重合时，该关键帧由灰色变为蓝色，此时的动画效果更为匀速平缓，如图5-44所示。

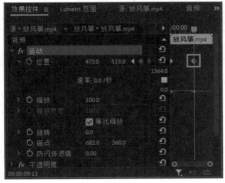

图5-44

图5-44（续）

2. 贝塞尔曲线

"贝塞尔曲线"插值可以在关键帧的任意一侧手动调整图表的形状和变化速率。在快捷菜单中选择"临时插值→贝塞尔曲线"选项，拖动时间线，当时间线与关键帧位置重合时，该关键帧状态变为，并且可在"节目"监视器面板中通过拖动曲线控制柄来调节曲线两侧，从而改变动画的运动速度。在调节过程中，单独调节其中一个控制柄，同时另一个控制柄不发生变化，如图5-45所示。

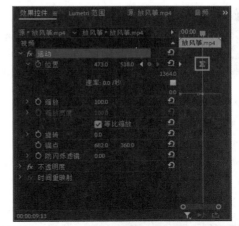

图5-45

3. 自动贝塞尔曲线

"自动贝塞尔曲线"插值可以调整关键帧的平滑变化速率。在快捷菜单中选择"临时插值→自动贝塞尔曲线"选项，拖动时间线，当时间线与关键帧位置重合时，该关键帧样式为 。在曲线节点的两侧会出现两个没有控制线的控制点，拖动控制点可将自动曲线转换为弯曲的贝塞尔曲线状态，如图5-46所示。

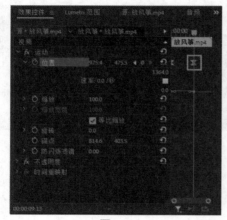

图5-46

4. 连续贝塞尔曲线

"连续贝塞尔曲线"插值可以创建通过关键帧的平滑变化速率。在快捷菜单中选择"临时插值→连接贝塞尔曲线"选项，拖动时间线，当时间线与关键帧位置重合时，该关键帧样式为 。双击"节目"监视器面板中的画面，此时会出现两个控制柄，通过拖动控制柄来改变两侧的曲线弯曲程度，从而改变动画效果，如图5-47所示。

图5-47（续）

5. 定格

"定格"插值可以更改属性值且不产生渐变过渡。在快捷菜单中选择"临时插值→定格"选项，拖动时间线，当时间线与关键帧位置重合时，该关键帧样式为 ，两个速率曲线节点将根据节点的运动状态自动调节速率曲线的弯曲程度。当动画播放到该关键帧时，将出现保持前一关键帧画面的效果，如图5-48所示。

图5-48

6. 缓入

"缓入"插值可以减慢进入关键帧的值变化。在快捷菜单中选择"临时插值→缓入"选项，拖动时间线，当时间线与关键帧位置重合时，该关键帧样式变为 。速率曲线节点前面将变成缓入的曲线效果。当拖动时间线播放动画时，动画在进入该关键

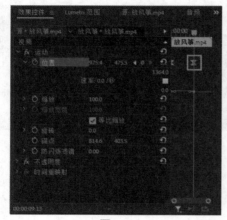

图5-47

帧时速度逐渐减缓，消除因速度波动大而产生的画面不稳定感，如图5-49所示。

图5-49

7. 缓出

"缓出"插值可以逐渐加快离开关键帧的值变化。在快捷菜单中选择"临时插值→缓出"选项，拖动时间线，当时间线与关键帧位置重合时，该关键帧样式为⛛。速率曲线节点后面将变成缓出的曲线效果。当播放动画时，可以使动画在离开该关键帧时速率减缓，同样可消除因速度波动大而产生的画面不稳定感，与缓入是相同的道理，如图5-50所示。

图5-50

图5-50（续）

5.6.2 空间插值

"空间插值"可以设置关键帧的过渡效果，如转折强烈的线性方式、过渡柔和的贝塞尔曲线方式等，如图5-51所示。下面对快捷菜单中的各个选项进行具体介绍。

图5-51

1. 线性

在执行"空间插值线性"命令时，关键帧两侧线段为直线，角度转折较明显，如图5-52所示。播放动画时会产生位置突变的效果。

图5-52

2. 贝塞尔曲线

在执行"空间插值→贝塞尔曲线"命令时，可在"节目"监视器面板中手动调节控制点两侧的控制柄，通过控制柄来调节曲线形状和画面的动画效果，如图5-53所示。

3. 自动贝塞尔曲线

在执行"空间插值→自动贝塞尔曲线"命令时，更改自动贝塞尔关键帧数值时，控制点两侧的手柄位置会自动更改，以保持关键帧之间的平滑速率。如果手动调整自动贝塞尔曲线的方向手柄，则可以将其转换为连续贝塞尔曲线的关键帧，如图5-54所示。

图5-53

图5-54

4. 连续贝塞尔曲线

在执行"空间插值→连续贝塞尔曲线"命令时，也可以手动设置控制点两侧的控制柄来调整曲线方向，与"自动贝塞尔曲线"操作相同，如图5-55所示。

图5-55

5.7 综合实战——炫酷汽车片头

本实战将介绍炫酷片头的制作过程，制作过程中将会涉及关键帧的设置以及添加字幕，具体操作步骤如下。

1. 图片变换效果

本节介绍运用关键帧制作图片从上向下滑动炫酷效果，效果如图5-56所示。

图5-56

01 启动Premiere Pro 2022软件，使用快捷键Ctrl+O打开路径文件夹中的"炫酷汽车片头.prproj"项目文件。进入工作界面后，可以看到"时间轴"面板中已经添加完成的素材，如图5-57所示。

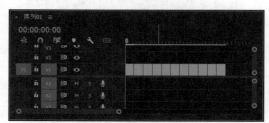

图5-57

02 在"时间轴"面板中框选所有素材右击，在弹出的快捷菜单中选择"复制"（快捷键Ctrl+C）选项，将播放滑块移动空白区域右击，在弹出的快捷菜单中选择"粘贴"（快捷键Ctrl+V）选项，复制两组素材，框选所有素材，执行"序列→封闭间隙"命令，删除素材之间的空隙，如图5-58所示。

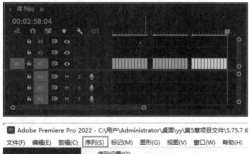

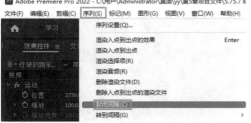

图5-58

03 框选所有素材右击，在弹出的快捷菜单中选择"速度/持续时间"选项，弹出"剪辑速度/持续时间"对话框，设置"持续时间"为00:00:00:04，并且勾选"波纹编辑，移动尾部剪辑"复选框，单击"确定"按钮，如图5-59所示。

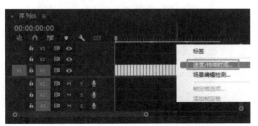

图5-59

04 框选所有素材，将所有素材向上移动到V2轨道上，并且再次复制所有素材，将所有素材粘贴在V1轨道上，并且将V1轨道上的所有素材移动到第4帧位置上，如图5-60所示。

05 在"项目"面板中，单击V2轨道上的"行驶的汽车.jpg"素材，在"效果"面板中添加"视频效果→扭曲"效果，选择"变换"特效并将其拖曳至

V2轨道上的"行驶的汽车.jpg"素材上，如图5-61所示。

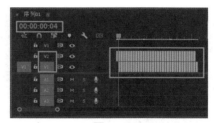

图5-60

图5-61

06 在"效果控件"面板中，展开"变换"参数，单击"位置"属性前的"切换动画"按钮，在当前时间点创建第1个关键帧，设置"位置"的Y轴数值为-1826，直至素材画面在"节目"监视器之外，如图5-62所示，将播放滑块移动到00:00:00:04位置，设置第2个关键帧，单击"位置"的重置按钮，如图5-63所示。

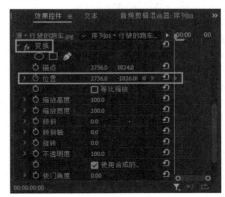

图5-62

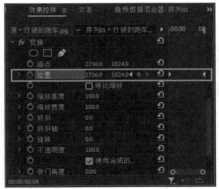

图5-63

07 取消勾选"使用合成的快门角度"复选框，设置"快门角度"的数值为150，如图5-64所示。

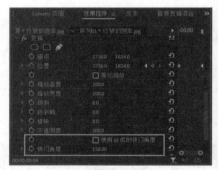

图5-64

08 在"项目"面板中单击V2轨道上的"行驶的汽车.jpg"素材进行复制，框选V2轨道上剩余的素材右击，在弹出的快捷菜单栏中选择"粘贴属性"选项，弹出"粘贴属性"对话框，取消勾选"运动"复选框，单击"确定"按钮，如图5-65所示。

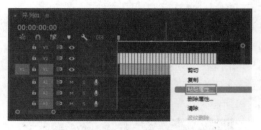

图5-65

2. 添加英文字幕

本节运用旧版标题和关键帧制作动态英文字幕，效果如图5-66所示。

图5-66

图5-66（续）

01 执行"文件→新建→旧版标题"命令，弹出"新建字幕"对话框，单击"确定"按钮，如图5-67所示。

图5-67

02 单击"文字工具"按钮 **T**，输入"SPORT CAR"字母，设置"字体系列"为Britannic Bold，设置"字体大小"的数值为1500，再单击"水平居中"按钮 和"垂直居中"按钮，将文字处于画面中心位置，如图5-68所示。

图5-68

03 单击"选择工具"按钮▶，勾选"背景"复选框，在"填充类型"下拉菜单中选择"实底"选项，单击"颜色"的颜色框，弹出"拾色器"对话框，颜色设置为暗红色，单击"确定"按钮，如图5-69所示。

图5-69

04 关闭"字幕01"对话框，将播放滑块移动到00:00:02:16位置上，在"项目"面板中找到"字幕01"素材并将其拖曳至"时间轴"面板V4轨道上，放置在时间线后方，如图5-70所示。

图5-70

05 展开"字幕01"的"效果控件"，分别在"位置"和"不透明度"栏中单击"关键帧"属性前的"切换动画"按钮◉，在当前时间点分别创建第1个关键帧，设置"缩放"的数值为400，设置"不透明度"为0%，如图5-71所示。将播放滑块移动到00:00:04:16位置，分别再将"位置"和"不透明度"设置第2个关键帧，并且重置数值，如图5-72所示。

3. 镂空字幕效果

本节运用视频效果中的颜色键制作镂空字幕效果，效果如图5-73所示。

图5-71

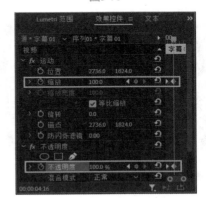

图5-72

图5-73

01 在"效果"面板中添加"视频效果→键控"效

95

果，选择"颜色键"特效并拖曳至"字幕01"素材上，如图5-74所示。

图5-74

02 在"效果控件"面板中展开"颜色键"参数，单击"主要颜色"的"吸管工具"，吸取字幕颜色，如图5-75所示。

图5-75

03 设置"颜色容差"的数值为100，"边缘细化"的数值为5，"羽化边缘"为10，直至字幕清晰地显示出背景画面即可，如图5-76所示。

图5-76

4. 颜色遮罩

01 在"项目"面板中空白区域右击，在弹出的快捷菜单中选择"新建项目→颜色遮罩"选项，弹出"新建颜色遮罩"对话框，单击"确定"按钮，又弹出"拾色器"对话框，拖动色板中的"圆圈"按钮可拾取白色，也可以在右下方的文字输入框中输入

FFFFFF，将自动选为白色，单击"确定"按钮，如图5-77所示。

图5-77

02 在"项目"面板中将"颜色遮罩"拖曳到"时间轴"面板V3轨道上，并将"颜色遮罩"结尾与"字幕01"结尾对齐，如图5-78所示。

图5-78

5. 添加音频

01 将"项目"面板中的"音乐.wav"素材拖曳至"时间轴"面板A1轨道上，如图5-79所示。

图5-79

02 将播放滑块移动到00:00:07:12位置，单击"剃刀工具"按钮，在00:00:07:12位置上进行切割，如图5-80所示，并且删除后半段音频素材。

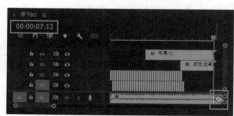

图5-80

5.8　本章小结

本章为用户介绍了关键帧的相关理论，以及关键帧动画的创建、编辑等操作，如创建关键帧、移动关键帧、删除关键帧、复制和粘贴关键帧等。在

Premiere Pro 2022中，素材可设置的基本运动参数项主要有5种，分别是位置、缩放、旋转、锚点和防闪烁滤镜。此外，用户也可以为添加到素材中的各类特殊效果属性设置关键帧来创建更多丰富且细腻的动画效果。

第 6 章

视频叠加与抠像

抠像作为一种实用且有效的特效手段，被广泛地运用在影视处理领域。通过抠像，可以使多种图像或视频素材产生完美的画面合成效果。而叠加则是将多个素材混合在一起，从而产生各种特殊效果，两者通常配合使用，因此本章将叠加与抠像技术放在一起来进行学习。

本章重点 ▶

- 叠加与抠像效果的具体应用
- 通过素材色度进行抠像
- 画面亮度抠像

本章效果图欣赏

6.1 叠加与抠像概述

抠像是运用虚拟的方式，将背景进行特殊透明叠加的一种技术，抠像又是影视合成中常用的背景透明方法，通过对指定区域的颜色进行去除，使其透明化来完成和其他素材的合成。叠加方式与抠像技术是紧密相连的，在Premiere Pro 2022中，叠加类特效主要用于抠像处理，以及对素材进行动态跟踪和叠加各种不同的素材，是影视编辑与制作中常用的视频特效。

6.1.1　叠加技术概述

在处理和编辑视频时，有时需要让两个或多个画面同时出现，这种情况可以使用叠加技术。在Premiere Pro 2022中"视频效果"的"键控"效果文件夹中提供了多种特效，可以帮助用户轻松实现素材叠加的效果，素材叠加效果的应用如图6-1所示。

图6-1

6.1.2　抠像技术概述

说到抠像，一般会想起Photoshop，其实Photoshop的抠像主要是针对静态的图像。视频素材如果要求不是非常精细，Premiere Pro也能满足大部分人的需求。在Premiere Pro中抠像主要是将不同的对象合成到一个场景中，可以对动态的视频进行抠像处理，也可以对静止的图片素材进行抠像处理。抠像效果的应用如图6-2所示。

图6-2

> 提示：在进行抠像和叠加合成处理时，需要在抠像层和背景层上下两个轨道中放置素材，并且抠像层要放在背景层的上面。当对上层的轨道中素材进行抠像后，下层的背景才会显示出来。

6.2　叠加与抠像效果的应用

选择抠像素材，在"视频效果→键控"文件夹里可以为其选择不同的抠像效果，如图6-3所示。本节将详细介绍叠加与抠像的具体应用。

图6-3

6.2.1　显示键控效果

在Premiere Pro 2022中，显示键控特效的操作很简单。打开项目，执行"窗口→效果"命令，如图6-4所示，操作完成后将跳转至"效果"面板。在"效果"面板中单击"视频效果"文件夹前的小三角按钮▶，展开效果列表，接着展开"键控"文件夹即可显示键控效果。

图6-4

6.2.2 实战——应用键控特效

在Premiere Pro 2022中，用户不仅可以将键控效果添加到轨道素材上，还可以在"时间轴"面板或者"效果控件"面板中为键控效果添加关键帧。

01 启动Premiere Pro 2022软件，使用快捷键Ctrl+O打开路径文件夹中的"键控效果应用.prproj"项目文件。进入工作界面后，可以看到"时间轴"面板中已经添加完成的素材，如图6-5所示。在"节目"监视器面板中可以预览当前素材效果，如图6-6所示。

图6-5

图6-6

02 在"效果"面板中，展开"视频效果→键控"文件夹，在其中选择"Alpha调整"效果，将效果拖曳添加至"时间轴"面板中的"图书馆打开的书.jpg"素材，如图6-7所示。

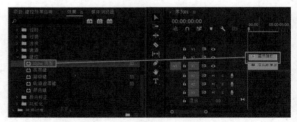

图6-7

03 将当前时间设置为00:00:00:00，在"效果控件"面板中单击"Alpha调整"效果属性中"不透明度"参数前的"切换动画"按钮，在当前时间点创建第1个关键帧，如图6-8所示。

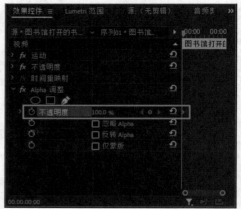

图6-8

04 将当前时间设置为00:00:02:00，然后修改"不透明度"参数为0，系统将自动创建一个关键帧，如图6-9所示。

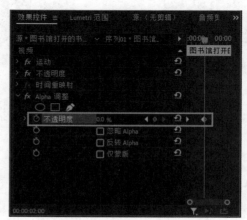

图6-9

05 完成上述操作后，在"节目"监视器面板中可预览应用键控特效后的画面效果，如图6-10所示。

图6-10

6.3　叠加与抠像效果介绍

下面详细介绍Premiere Pro 2022中的各类叠加和抠像效果。

6.3.1　Alpha调整

"Alpha调整"效果，可以为包含Alpha通道的导入图像创建透明效果，其应用前后效果如图6-11所示。

图6-11

图6-11（续）

Alpha通道是指图像的透明和半透明度。Premiere Pro 2022能够读取来自Photoshop和3D图形软件等程序中的Alpha通道，还能够将Illustrator文件中的不透明区域转换成Alpha通道。下面简单介绍"Alpha调整"效果的各项属性参数，如图6-12所示。

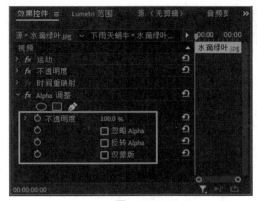

图6-12

"Alpha调整"参数介绍如下。

- 不透明度：数值越小，图像越透明。
- 忽略Alpha：勾选该复选框后，Premiere Pro 2022会忽略Alpha通道。
- 反转Alpha：勾选该复选框后，Alpha通道会进行反转。
- 仅蒙版：勾选该复选框，将只显示Alpha通道的蒙版，而不显示其中的图像。

6.3.2　亮度键

使用"亮度键"效果可以去除素材中较暗的图像区域，通过"阈值"和"屏蔽度"可以微调效果。"亮度键"效果应用前后如图6-13所示。

在添加了"亮度键"效果后，可在"效果控件"面板中对其相关参数进行调整，如图6-14所示。

图6-15

图6-13

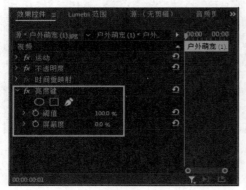

图6-14

"亮度键"参数介绍如下。

● 阈值：增大数值时，可增加被去除的暗色值范围。

● 屏蔽度：用于设置素材的屏蔽程度，数值越大，图像越透明。

6.3.3 超级键

　　"超级键"又称为极致键，该效果可以使用指定颜色或相似颜色调整图像的容差值来显示图像透明度，也可以用来修改图像的色彩显示。"超级键"效果应用前后如图6-15所示。

　　在添加了"超级键"效果后，可在"效果控件"面板中对其相关参数进行调整，如图6-16所示。

图6-16

"超级键"参数介绍如下。

● 主要颜色：用于吸取需要被键出的颜色。

● 遮罩生成：展开该属性栏可以自行设置遮罩层的各类属性。

6.3.4 轨道遮罩键

　　"轨道遮罩键"效果可以创建移动或滑动蒙版效果。通常，蒙版是一个黑白图像，能在屏幕上移动，与蒙版上黑色相对应的图像区域为透明区域，与白色相对应的图像区域为不透明区域，灰色区域创建混合效果，即呈半透明状态。

　　在添加了"轨道遮罩键"效果后，可在"效果控件"面板中对其相关参数进行调整，如图6-17所示。

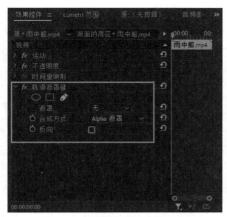

图6-17

"轨道遮罩键"参数介绍如下。

● 遮罩：在右侧的下拉列表中可展开选项，为素材指定一个遮罩。

● 合成方式：用来指定应用遮罩的方式，在右侧的下拉列表中可以选择"Alpha遮罩"和"亮度遮罩"选项。

● 反向：勾选该复选框可使遮罩反向。

6.3.5　颜色键

"颜色键"效果可以去掉素材图像中指定颜色的像素，该效果只会影响素材的Alpha通道，其效果应用前后如图6-18所示。

图6-18

在添加了"颜色键"效果后，可在"效果控件"面板中对其相关参数进行调整，如图6-19所示。

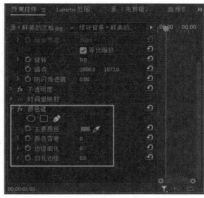

图6-19

"颜色键"参数介绍如下。

● 主要颜色：用于吸取需要被键出的颜色。

● 颜色容差：用于设置素材的容差度，容差度越大，被键出的颜色区域越透明。

● 边缘细化：用于设置键出边缘的细化程度，数值越小边缘越粗糙。

● 羽化边缘：用于设置键出边缘的柔化程度，数值越大，边缘越柔和。

6.3.6　实战——画面亮度抠像

本节将通过实例详细讲解如何使用Premiere Pro中的"亮度键"进行抠像。

01 启动Premiere Pro 2022软件，使用快捷键Ctrl+O打开路径文件夹中的"亮度键抠像.prproj"项目文件。进入工作界面后，将"项目"面板中的"圣诞节背景.jpg"素材添加至V1视频轨道；将"项目"面板中的"圣诞树.jpg"素材添加至V2视频轨道，如图6-20所示。

图6-20

> **提示：注意，这里素材的默认持续时间为 5s。**

02 在"效果"面板中展开"视频效果"选项栏，选择"键控"效果组中的"亮度键"选项，将其拖曳添加至"时间轴"面板中的"圣诞树.jpg"素材上，如图6-21所示。

03 在"时间轴"面板中选择"圣诞树.jpg"素材，在"效果控件"面板中展开"亮度键"效果栏，在00:00:00:00时间点单击"阈值"属性前的"切换动画"按钮█，在当前时间点创建第1个关键帧，并将"阈值"参数设置为100%；将当前时间设置为00:00:01:00，然后修改"阈值"参数为40%，创建第2个关键帧；将当前时间设置为00:00:02:00，然后修改"阈值"参数为100%，创建第3个关键帧；将当前时间设置为00:00:03:00，然后修改"阈值"参数为60%，创建第4个关键帧；将当前时间设置为00:00:04:00，然后修改"阈值"参数为100%，创建第5个关键帧；将当前时间设置为00:00:04:24，然后修改"阈值"参数为50%，创建第6个关键帧，如图6-22所示。

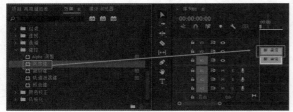

图6-21

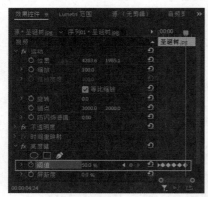

图6-22

04 选中6个关键帧，右击，在弹出的快捷菜单中选择"贝塞尔曲线"选项，改变关键帧状态，使运动更加顺滑，如图6-23所示。

图6-23

05 完成上述操作后，在"节目"监视器面板中可预览最终效果，如图6-24所示。

图6-24

6.4　综合实战——国潮风片头

下面制作国潮风片头案例，演示通过素材的色度来进行抠像操作，主要通过为素材添加"颜色键"效果，再加上油漆桶进行描边，关键帧进行移动，来实现这一操作。

1. 制作定格画面

本小节使用颜色键对素材进行抠像，使用油漆桶对素材进行描边，添加关键帧对素材进行移动，效果如图6-25所示。

图6-25

图6-25（续）

01 启动Premiere Pro 2022软件，使用快捷键Ctrl+O打开路径文件夹中的"国潮风.prproj"项目文件。进入工作界面后，将"项目"面板中的"国潮人物.mp4"和"喝汽水.mp4"素材添加至V1视频轨道，如图6-26所示。

图6-26

02 在"时间轴"面板中，框选"国潮人物.mp4"和"喝汽水.mp4"素材，右击，在弹出的快捷菜单中选择"速度/持续时间"选项，弹出"剪辑速度/持续时间"对话框，设置"速度"的数值为340，勾选"波纹编辑，移动尾部剪辑"复选框，单击"确定"按钮，如图6-27所示。

03 在"时间轴"面板中将播放滑块移动至00:00:03:06位置，右击，在弹出的快捷菜单中选择"添加帧定格"选项，"国潮人物.mp4"素材分为两段，并且第二段画面为定格画面，单击"国潮人物.mp4"后半段素材向上拖曳至V2轨道上，并将删除V1轨道上的间隙，如图6-28所示。

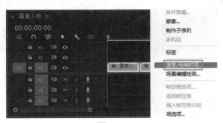

图6-27

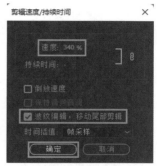

图6-27（续）

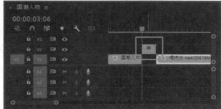

图6-28

04 在"效果"面板中添加"视频效果→键控"效果，选择"颜色键"特效，并将其拖曳至V2轨道上"国潮人物.mp4"素材上，如图6-29所示。

图6-29

05 在"效果控件"面板中展开"颜色键"参数，使用"主要颜色"的吸管工具，吸取"节目"监视器面板中的背景颜色，如图6-30所示。

图6-30

06 设置"颜色容差"的数值为20，"边缘细化"的数值为-5，如图6-31所示。

图6-31

07 这时人物抠像并不干净，再添加一个"颜色键"特效，设置"颜色容差"的数值为40，"边缘细化"的数值为-5，"羽化边缘"的数值为15，直至人物边缘清晰，且人物画面没有缺失即可，如图6-32所示。

图6-32

08 在"效果"面板中，添加"视频效果→过时"效果，选择"油漆桶"特效，并将其拖曳至V2轨道"国潮人物.mp4"素材上，如图6-33所示。

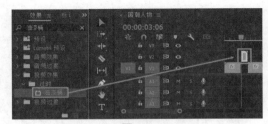

图6-33

09 在"效果控件"面板中展开"油漆桶"参数，在"填充选择器"下拉菜单中选择"Alpha 通道"选项，在"描边"下拉菜单中选择"描边"选项，如图6-34所示。

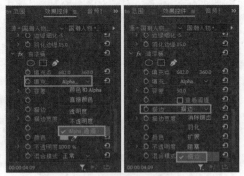

图6-34

10 设置"描边宽度"的数值为6，单击"颜色"选项框，在弹出的"拾色器"列表中选取白色，单击"确定"按钮，如图6-35所示。

图6-35

11 在"时间轴"面板中的00:00:07:03位置处制作"喝汽水.mp4"的定格画面，并且添加"颜色键"特效，如图6-36所示。

图6-36

2. 添加关键帧

添加关键帧对素材进行移动，效果如图6-37所示。

图6-37

01 在"时间轴"面板中将播放滑块移动至00:00:03:06位置处，单击V2轨道上"国潮人物.mp4"素材，在"效果控件"面板中展开"运动"参数，单击"位置"属性前的"切换动画"按钮，在当前时间点创建第1个关键帧，不改变数值，将播放滑块移动至00:00:03:21位置处，添加第2个关键帧，设置"位置"的X轴数值为48，如图6-38所示。

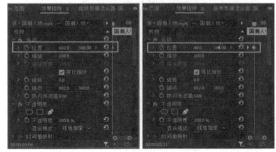

图6-38

02 框选两个关键帧，右击，在弹出的快捷菜单中选择"临时插值"选项，再选择"缓入""缓出"选项，如图6-39所示。

图6-39

03 "喝汽水.mp4"素材同理，设置关键帧，进行反方向移动，如图6-40所示。

图6-40

3. 添加背景

添加国潮元素背景，效果如图6-41所示。

图6-43（续）

图6-41

01 在"时间轴"面板中单击V1轨道上"国潮人物.mp4"和"喝汽水.mp4"素材的间隙，按Backspace键进行删除，框选V1和V2轨道上所有素材向上移动到V2、V3轨道上，如图6-42所示。

图6-42

02 在"项目"面板中将"背景.mp4"拖曳至"时间轴"面板V1轨道上，取消"背景.mp4"视频与音频的链接，快捷键为Ctrl+L，删除A1轨道上的音频，如图6-43所示。

03 在"效果控件"面板中取消勾选"等比缩放"复选框，设置"缩放宽度"的数值为108，如图6-44所示。

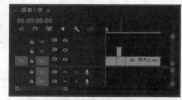

图6-43

图6-44

4. 添加再造国潮字体

添加"再造国潮"炫酷字体，增强画面感，效果如图6-45所示。

图6-45

01 在"项目"面板中将"再造国潮字体.png"素材拖曳至"时间轴"面板V4轨道00:00:07:19位置上，如图6-46所示。

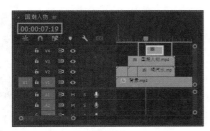

图6-46

02 在"效果控件"面板中展开"运动"参数,设置"缩放"的数值为38.0,如图6-47所示。

图6-47

5. 添加音频

01 在"项目"面板中将"音乐.wav"拖曳至"时间轴"面板A1轨道上,并且使用"节目"监视器面板中的"添加标记"按钮进行卡点标记,如图6-48所示。

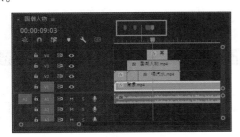

图6-48

02 根据卡点标记调整V2和V3轨道上的素材时长,如图6-49所示。

03 单击"再造国潮字体.png"素材,在"效果控件"面板中展开"不透明度"参数,单击"不透明度"属性前的"切换动画"按钮 ⊙,在当前时间点

创建第1个关键帧,不改变数值,播放滑块移动至下一个标记处,添加第2个关键帧,设置"不透明度"数值为0%,播放滑块移动至下一个标记处,添加第3个关键帧,设置"不透明度"数值为100%,播放滑块移动至下一个标记处,添加第4个关键帧,设置"不透明度"数值为0%,播放滑块移动至下一个标记处,添加第5个关键帧,设置"不透明度"数值为100%,根据卡点做出闪动的效果,如图6-50所示。

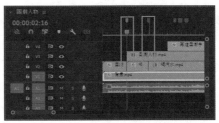

图6-49

图6-50

04 最后调整一下所有素材的结尾位置,使用"剃刀工具"删除多余素材或者直接拖曳素材结尾处调整素材结尾位置,如图6-51所示。

图6-51

6.5 本章小结

本章主要学习了叠加与抠像效果的应用原理及技巧。Premiere Pro 2022为用户提供了5种抠像效果,分别是Alpha调整、亮度键、超级键、轨道遮罩键、颜色键,熟练掌握每种抠像效果的运用及效果调整,可以帮助用户在日常项目制作中,轻松应对各类素材的抠像处理操作。

第7章

颜色的校正与调整

　　画面的颜色与校正，通俗地讲就是"调色"，调色是后期处理的重要操作之一，作品的颜色能够在很大程度上影响观者的心理感受。调色技术不仅在摄影、平面设计中占有重要地位，在影视制作中同样是不可忽视的一个重要组成。通过调色，不仅能使画面的各个元素变得更漂亮，更重要的是通过色彩的调整能使元素融合到画面中，从而使元素不再显得突兀，画面整体氛围更加统一。

本章重点 ▶

- 设置图像控制类效果
- 设置颜色校正效果

- 设置过时类效果

本章效果图欣赏

7.1　Premiere 视频调色工具

　　图7-1是Premiere的"颜色"工作区，其面板中包含各类调整颜色的工具。

　　　学习　组件　编辑　**颜色**　效果　音频　图形　字幕　库　　》》

图7-1

7.1.1　"Lumetri 颜色"面板

　　打开视频素材，切换至"颜色"工作区，将该视频素材拖曳到"时间轴"面板中，激活"Lumetri范围"和"Lumetri 颜色"面板，面板中包含"基本校正""创意""曲线""色轮和匹配""HSL辅助""晕影"6个板块，如图7-2所示。

图7-2

7.1.2　Lumetri 范围

　　"Lumetri范围"面板主要用于显示素材的颜色范围,如图7-3所示为"波形(RGB)"模式下的颜色情况。

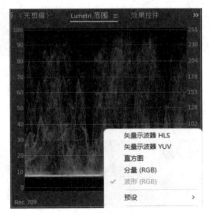

图7-3

　　"Lumetri范围"重要选项介绍如下。

- 矢量示波器HLS:在"Lumetri 范围"面板中右击可调出,如图7-4所示,显示"色相""饱和度""亮度"和"信号"信息。

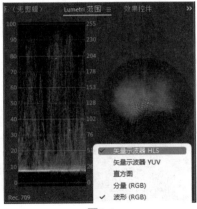

图7-4

- 矢量示波器YUV:以圆形的方式显示视频的色度信息,如图7-5所示。

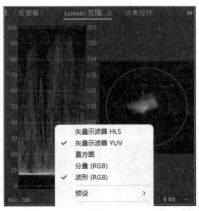

图7-5

- 直方图:显示每个颜色的强度级别上像素的密集程度,有利于评估阴影、中间调和高光,从而整体调整图像色调,如图7-6所示。

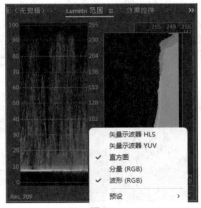

图7-6

- 分量(RGB):显示数字视频信号中的明亮度和色差通道级别的波形。可在"分量类型"中选择RGB/YUV/RGB白色/YUV白色,如图7-7所示。

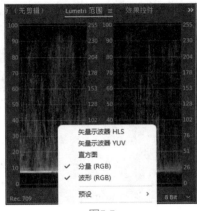

图7-7

7.1.3 基本矫正

"基本矫正"参数可以调整视频素材的色相（颜色和色度）及明亮度（曝光度和对比度），从而修正过暗或过亮的素材，如图7-8所示。

1. 输入LUT

使用LUT预设可以作为起点对素材进行分段，后续可以使用其他颜色控件进一步分级，如图7-9~图7-11所示。

图7-8　　　　　　　图7-9

无 LUT 效果

图7-10

输入预设 LUT 效果

图7-11

2. 白平衡

通过"色温"滑块和"色彩"滑块或白平衡选择器可以调整白平衡，从而改进素材的环境色，如图7-12所示。

"白平衡"重要参数介绍如下。

● 白平衡选择器：选择"吸管工具"，单击画面中本身应该属于白色的区域，从而自动白平衡，使画面呈现正确的白平衡关系，如图7-13所示。

图7-12

图7-13

● 色温：滑块向左（负值）移动可使素材画面偏冷，向右（正值）移动可使素材画面偏暖，如图7-14所示。

图7-14

● 色彩：滑块向左移动（负值）可为素材画面添加绿色，向右（正值）移动可为素材画面添加洋红色，如图7-15所示。

图7-15

3. 色调

"色调"参数用于调整素材画面的大体色彩倾向，如图7-16所示。

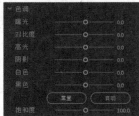

图7-16

"色调"重要参数介绍如下。

- 曝光：滑块向左移动（负值）可减小色调值并扩展阴影，向右移动（正值）可增大色调值并扩展高光，如图7-17所示。

图7-17

- 对比度：滑块向左移动（负值）可使中间调到暗区变得更暗，向右（正值）移动可使中间调到亮区变得更亮，如图7-18所示。

图7-18

- 高光：调整亮域，向左（负值）移动可使高光变暗，向右（正值）移动可在最小化修剪的同时使高光变亮，如图7-19所示。

图7-19

- 阴影：向左（负值）移动滑动可在最小化修剪的同时使阴影变暗，向右（正值）移动可使阴影变亮并恢复阴影细节，如图7-20所示。

图7-20

- 白色：调整高光。向左（负值）移动滑动可以减少高光，向右（正值）移动滑动可以增加高光，如图7-21所示。

图7-21

- 黑色：向左（负值）移动滑动可增加黑色范围，使阴影更偏向于纯黑；向右（正值）移动滑动可减小阴影范围，如图7-22所示。

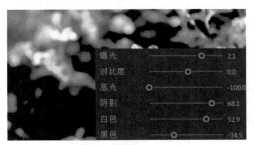

图7-22

- 重置：可使所有数值还原为初始值，如图7-23所示。

图7-23

● 自动：可自动设置素材图像为最大化色调等
级，即最小化高光和阴影，如图7-24所示。

图7-24

4. 饱和度

"饱和度参数"可均匀调整素材图像中所有颜
色的饱和度。向左（0~100）移动可降低整体饱和
度，向右（100~200）移动可提高整体饱和度，如
图7-25所示。

图7-25

7.1.4 创意

"创意"部分控件可以进一步拓展调色功能，
如图7-26所示。另外，也可以使用Look预设对素材
图像进行快速调色。

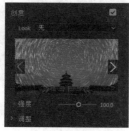

图7-26

1. Look

用户可以快速调用Look预设，如图7-27所示，
其效果类似添加"滤镜"。单击Look预览窗口的左
右箭头可以快速依次切换Look预设进行预览，如
图7-28所示。

图7-27

图7-28

单击预览窗口中的Look预设名称可加载Look预
设，如图7-29所示，"强度"控件只在加载Look预
设后才有效果，是针对Look预设的整体影响程度的
调整滑块，如图7-30所示。

图7-29

图7-30

2. 调整

展开"调整"卷展览，参数如图7-31所示。

图7-31

"调整"重要参数介绍如下。

● 淡化胶片：使素材图像呈现淡化的效果，可调整出怀旧的风格，如图7-32所示。

图7-32

● 锐化：调整素材图像边缘清晰度。向左（负值）移动可降低素材图像边缘清晰度，向右（正值）移动可提高素材图像边缘清晰度，如图7-33所示。

图7-33

7.1.5　实战——通过输入 LUT 为视频调色

调色前后的效果对比如图7-34所示。

图7-34

图7-34（续）

01 启动Premiere Pro 2022软件，使用快捷键Ctrl+O打开路径文件夹中的"视频调色.prproj"项目文件。进入工作界面后，可以看到"时间轴"面板中已经添加完成的素材，如图7-35所示。

图7-35

02 切换至"颜色"工作区，在激活视频素材的前提下，展开"基本校正"面板，如图7-36所示。

图7-36

03 打开"输入LUT"下拉菜单，可以自由选择
Premiere自带的LUT预设，也可以从计算机上导入
预设。这里选择Phantom_Rec709_Gamma选项，如
图7-37所示。

图7-37

图7-38

7.1.6 曲线

"曲线"用于对视频素材进行颜色调整，有许
多更加高级的控件，可对亮度，以及红、绿、蓝色
像素进行调整，如图7-38所示。

除了"RGB曲线"控件外，"曲线"还包括
"色相饱和度曲线"，其可以精确控制颜色的饱和
度，同时不会产生太大的色偏，如图7-39所示。

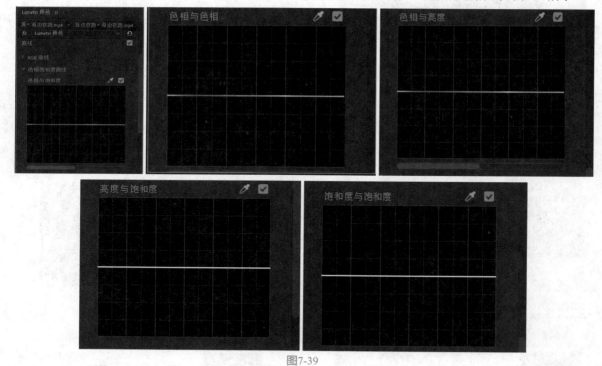

图7-39

技巧提示：双击空间的空白区域可重置"Lumetri 颜色"面板中的大部分控件。

7.1.7 实战——用曲线工具调色

调色前后的效果对比如图7-40所示。

01 启动Premiere Pro 2022软件，使用快捷键Ctrl+O打开路径文件夹中的"曲线工具调色.prproj"项目文件。
进入工作界面后，可以看到"时间轴"面板中已经添加完成的素材，如图7-41所示。

调色前

调色后

图7-40

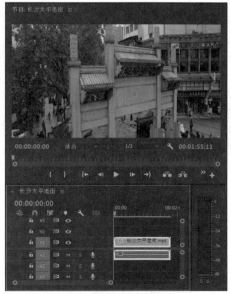

图7-41

02 切换至"颜色"工作区面板，展开"曲线"面板，观察视频素材，会发现画面整体亮度欠佳。在"RGB曲线"中单击白色曲线中间的点并向上拖曳，同时观察"节目"面板中的画面，直至调整到最佳亮度，如图7-42所示。

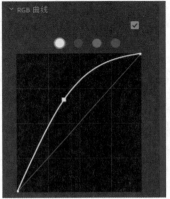

图7-42

03 为了增加晴天的氛围，切换至蓝色曲线，单击蓝色曲线中间的点并向上拖曳，同时观察"节目"面板中的画面，适当增加画面的蓝色，如图7-43所示。

图7-43

04 提高绿色树木的鲜艳程度，使画面更加生动。在"色相与饱和度"面板中分别单击黄色区域中的曲线和青色区域中的曲线，添加两个锚点，如图7-44所示。

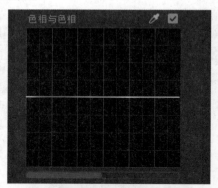

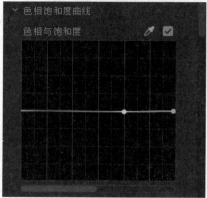

图7-44

05 单击两个锚点中间的曲线，再次添加一个锚点，并适当向外拖曳，提高绿色树木的颜色饱和度，如图7-45所示。

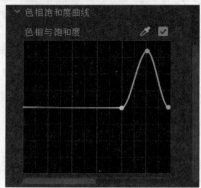

图7-45

7.1.8 快速颜色矫正器/RGB颜色校正器

下面介绍颜色校正的两种方法，分别是快速颜色校正和RGB颜色校正（包含RGB曲线）。

1. 快速颜色校正器

打开素材，切换至"颜色"工作区，单击右侧的展开按钮，选择"所有面板"选项，如图7-46所示。

图7-46

在"效果"面板中找到"过时"效果，双击"快速颜色校正器"效果或将其拖曳到素材上，如图7-47所示。

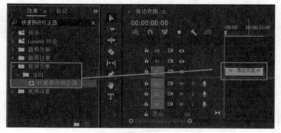

图7-47

在左上方的"效果控件"面板中找到"快速颜色校正器"选项，如图7-48所示。

图7-48

"快速颜色校正器"重要参数介绍如下

● 白平衡：使用"吸管工具" [图]调节白平衡，按住Ctrl键可以选取5像素×5像素范围内的平均颜色。

● 色相角度：可以拖曳色环外圈改变图像色相，也可单击蓝色的数字修改数值，还可将光标悬停至蓝色数字附近，待出现箭头时，长按鼠标左键左右拖曳调整数值。

● 平衡数量级：将色环中心处的圆圈拖曳至色环上的某一颜色区域，即可改变图像的色相和色调。

● 平衡增益：平衡增益是对平衡数量级的控制。将黄色方块向色环外圈拖曳可提高平衡数量级的强度。越靠近色环外圈，效果越强。

● 平衡角度：将色环划分为若干份，如图7-49所示。

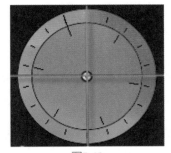

图7-49

● 饱和度：色彩的鲜艳程度。饱和度的值为

0，则图像为灰色。

● 主要：若勾选"主要"复选框，则阴影、中间调与高光的数据将同步调整；若取消勾选"主要"复选框，可对单独的某个控件进行调整。

● 输入色阶/输出色阶：控制输入/输出的范围。输入色阶是图像原本的亮度范围。将左边的黑场滑块[图]向右移动，则阴影部分压暗；将右边的白场滑块[图]向左移动则高光部分提亮；中间的滑块[图]则可对中间调进行调整。输入色阶与输出色阶的极值是相对应的。在输出色阶中，由于计算机屏幕上显示的是RGB图像，所以数值为0~255。若输出的为YUV图像，则数值为16~235。

2. RGB颜色校正器

使用"RGB颜色校正器"时，要注意以下三个参数，如图7-50所示。

图7-50

"RGB颜色校正器"重要参数介绍如下。

● 灰度系数：即图像灰度。灰度系数越大，则图像黑白差别越小，对比度越低，图像呈现灰色；灰度系数越小，则图像黑白差别越大，对比度越高，图像明暗对比强烈。

● 基质：视频剪辑中RGB的基本值。

● 增益：基值的增量。例如，在蓝色调的剪辑中蓝色的基值是100，增益是10，最后结果为110。

● 为了在调整RGB颜色校正器的同时也能看到RGB分量，可在"Lumetri范围"面板中右击，在弹出的快捷菜单中选择"分量类型→RGB"选项，然后将"Lumetri范围"面板拖曳至下方窗口进行合并，如图7-51所示。

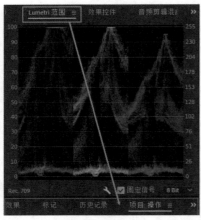

图7-51

3. RGB曲线

以"主要"曲线为例，曲线左下方代表暗场，将端点向上移动可使图像暗部提亮；曲线右上方代表亮场，将端点向下移动可使图像亮部压暗。用户可在曲线上的任意一处（除两端处）单击以添加锚点，进行分段调整，如图7-52所示，红色、绿色、蓝色曲线同理。

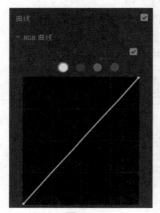

图7-52

技巧提示：若想重置参数，可单击右方的"重置"按钮进行重置。另外，单击前方的开关控件可以对比效果，也可勾选"显示拆分视图"复选框，根据需要调整拆分布局和比例，查看原图和修改后的图的效果。

7.2 视频的调色插件

在后期制作过程中，为了追求更好的视觉效果，经常需要为画面中人物进行磨皮美肤处理，人物脸部皮肤暗斑、粗糙、痘痘等问题，"Beauty Box人像磨皮"插件都可以一键搞定。随着手机拍摄技术的提升，人们用手机视频来记录生活的可能性越来越大。但在晚上或者光线微弱时，拍摄的视频就会有噪点。这时就可以用Neat Video插件来消除噪点。Mojo II 是一个非常实用的视频调色插件，可以在视频后期处理中让画面调色呈现出好莱坞影片的效果。Mojo II 插件最大特点就是可以实现快速预览，即可以快速调出好莱坞风格色调。下面详细介绍插件的参数与效果。

7.2.1 人像磨皮：Beauty Box

Beauty Box插件是一个是用面部检测技术自动识别皮肤颜色并创建遮罩的插件，其也可同时安装到PR和AE中。用户可在安装下载Beauty Box插件后，可在"效果"面板中执行"视频效果→Digital Anarchy→Beauty Box"命令，并将其拖曳到视频素材上，Beauty Box插件将自动识别视频素材中的皮肤并进行磨皮处理，如图7-53所示。

图7-53

若用户想对皮肤细节进行更精细的调节，可在"效果控件"面板中Beauty Box栏中详细调节参数。"平滑数量"可以控制磨皮程度，"皮肤细节平滑"可以调节皮肤细节的平滑量，如图7-54所示。

"增强对比"可微调皮肤的质感。也可使用"吸管工具" 吸取皮肤的暗部和亮部来精准调节。通常默认的参数都是够用的，只有在特殊的光线环境下，人物肤色发生较大偏色时才会用到"吸管工具"和"色相饱和度"等参数来选取人物肤色的范围，如图7-55所示。

图7-54

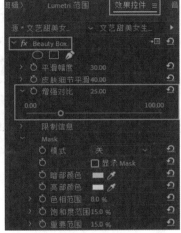

图7-55

7.2.2　降噪：Neat Video

Neat Video插件拥有优异的降噪技术和高效率的渲染功能，支持多个GPU和CPU协同工作，降噪效果和处理速度十分可观，可以快速减少视频中的噪点。

打开序列，在"效果"面板中执行"视频效果→Neat Video"命令，并将Neat Video中的"视频降噪处理"拖曳到视频素材上，如图7-56所示。

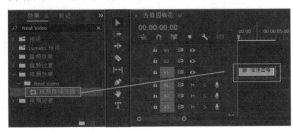

图7-56

在"效果控件"面板中找到"视频降噪处理"，单击右边的设置图标，打开设置窗口，如图7-57所示。

图7-57

单击左上角的Auto Profile按钮，如图7-58所示。插件将自动框选噪点，单击Apply按钮，即可消除噪点，如图7-59所示。

图7-58

图7-59

7.2.3　调色：Mojo Ⅱ

打开序列，在"效果"面板中找到Mojo Ⅱ插件并将其拖曳到素材上。

Mojo Ⅱ插件会自动调整颜色，让视频剪辑呈现出青绿色的色调。用户也可以在"效果控件"面板中展开Mojo Ⅱ插件选项，进行更加精细的调整。

导入视频素材，并将其拖曳到时间轴上，如图7-60所示。

图7-60

切换至"效果"面板，执行"视频效果→RG Magic Bullet→Mojo II"命令，并将其拖曳到视频素材上，如图7-61所示。

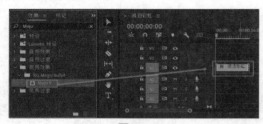

图7-61

此时，"节目"面板中的画面色调立即发生了变化。下面来讲解几个重要的参数。在"效果控件"面板中找到Mojo II，"素材格式"是指当前素材类型，不同素材类型色调各不相同。默认状态下为Flat，如图7-62所示。

图7-62

预设：用户可以自由选择预设，下方的参数也将有相应的变化。默认状态为Mojo。

Mojo：指色调对比。将Mojo调整到最大时，画面的色调对比更加强烈。当然，在对比参数值进行变更后，Presect将自动变为None，如图7-63所示。

图7-63

阴影蓝绿色：将Mojo Tint调整到最大时，画面染色效果更加明显，如图7-64所示。

图7-64

对比度：对比度数值越大，则画面颜色越深；数值越小，则画面颜色越浅，如图7-65所示。

图7-65

饱和度：饱和度数值越大，则画面饱和度越小；数值越小，则画面饱和度越大，如图7-66所示。

图7-66

曝光度：曝光度数值越大，则画面曝光度越强；数值越小，则画面曝光度越弱，如图7-67所示。

图7-67

冷/暖：冷/暖数值越大，则画面偏暖；数值减小，则画面偏冷，如图7-68所示。

图7-68

强度：用户可以自由调整插件强度。默认状态为100，如图7-69所示。

图7-69

7.3　Premiere视频调色技巧

本节主要介绍Premiere 的视频调色技巧，包含曝光处理、匹配色调、强调校色、环境光调色关键帧调色等。

7.3.1　实战——解决曝光问题

曝光问题通常有两个：曝光不足和曝光过度。下次依次介绍解决方法。

1. 曝光不足

01　打开序列并切换至"颜色"工作区，如图7-70所示。

图7-70

图7-70（续）

02　在"Lumetri范围"面板中右击，在弹出的快捷菜单中选择"波形类型→YC"选项，如图7-71所示。

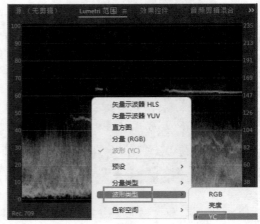

图7-71

03　观察图像，在这曝光不足的图像中，YC波形底部有许多暗像素，有些已经触及到0，如图7-72所示。

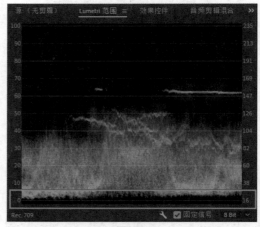

图7-72

04　在"Lumetri颜色"面板中展开"基本校正"区域，调整"曝光"和"对比度"，同时检查YV波形，确保图像没有变得太亮或太暗，如图7-73所示。

05　来回切换"基本校正"区域的被勾选与未被勾选状态，观察原图和修改之后的图像效果，如图7-74所示。

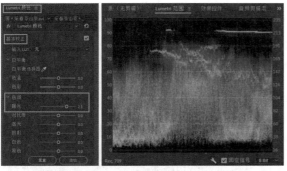

调色后

图7-73

调色前

图7-74（续）

2. 曝光过度

　　除了使用"Lumetri颜色"面板的"基本校正"区域进行亮度调节，还可以利用"曲线"中的"RGB曲线"控件来调整高光、中间调和阴影，如图7-75所示。

图7-74

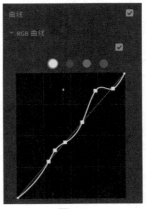

图7-75

7.3.2　实战——调整过曝素材

调整前后的效果如图7-76所示。

01 启动Premiere Pro 2022软件，使用快捷键Ctrl+O打开路径文件夹中的"调整过曝.prproj"项目文件。进入工作界面后，可以看到"时间轴"面板中已经添加完成的素材，如图7-77所示。

调色前

调色后

图7-76

图7-76（续）

图7-77

02 在"Lumetri范围"面板中右击，在弹出的快捷菜单中选择"波形类型→YC"选项，如图7-78所示。

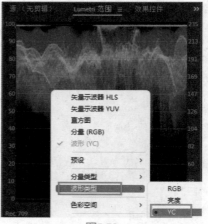

图7-78

03 观察图像，在这曝光过度的图像中，YC波形顶部有许多亮像素，有些已经达到100，如图7-79所示。

04 在"Lumetri颜色"面板中展开"曲线"区域，单击曲线右上角添加一个锚点并向下拖曳，同时观察YC波形，将图像的高光部分降至80~90之间，如图7-80所示。

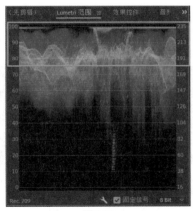

图7-79

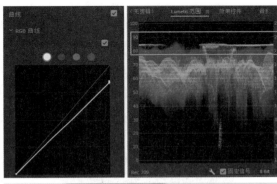

图7-80

05 观察图像，在这曝光过度的图像中，YC波形底部缺乏暗像素，如图7-81所示。

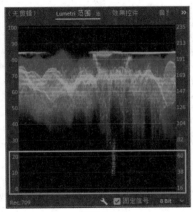

图7-81

06 单击曲线左下角添加一个锚点并向右拖曳，同时观察YC波形，将图像的暗像素降至10左右，如图7-82所示。

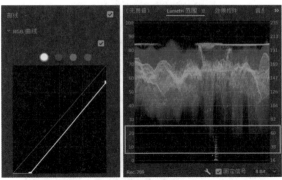

图7-82

7.3.3 实战——匹配色调

在视频剪辑中一些视频的颜色与色调也许会不一样，为了保持视频整体画面的和谐统一，需要对视频进行色调匹配。

01 导入视频素材，将"夏日西瓜.mp4"素材拖曳到轨道V1上，将"西瓜和汽水.mp4"素材拖曳到轨道V2上，如图7-83所示。

图7-83

02 切换至"效果"工作区面板，单击激活"西瓜和汽水.mp4"素材，在"效果控件"面板的"运动"区域中，设置"位置"的X轴坐标数值为188，"缩放"的数值为50，如图7-84所示。

03 单击激活"夏日西瓜.mp4"素材，在"效果控件"面板的"运动"区域中，设置"位置"的X轴坐标数值为963，"缩放"的数值为50，如图7-85所示。

图7-84

图7-85

04 在"Lumetri范围"面板中右击，在弹出的快捷菜单中选择"预设→分量RGB"选项，如图7-86所示。

图7-86

05 在"效果"面板中执行"视频效果→过时→RGB曲线"命令，并将其拖曳到"夏日西瓜.mp4"素材上，如图7-87所示。

图7-87

06 观察"Lumetri范围"面板中分量RGB的红色区域。左半部分属于"西瓜和汽水.mp4"素材，右半部分属于"夏日西瓜.mp4"素材。两者不太一致，如图7-88所示。

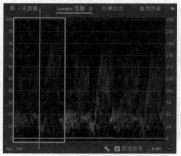

图7-88

07 展开"效果控件"面板中"RGB曲线"区域，单击红色曲线右上角添加一个锚点并向左拖曳，提亮"夏日西瓜.mp4"素材的红色高光部分，同时查看"Lumetri范围"面板中的分量RGB的红色区域，尽可能使右半部分与左半部分相匹配，如图7-89所示。

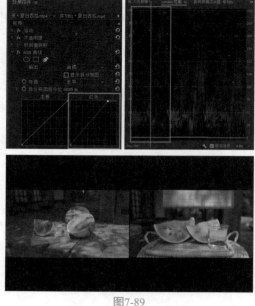

图7-89

08 观察"Lumetri范围"面板中分量RGB的绿色区域。左半部分属于"西瓜和汽水.mp4"素材，右半部分属于"夏日西瓜.mp4"素材。两者大致相同，因此不作调整，如图7-90所示。

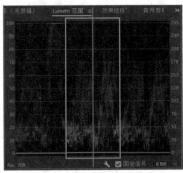

图7-90

09 观察"Lumetri范围"面板中分量RGB的蓝色区域。左半部分属于"西瓜和汽水.mp4"素材，右半部分属于"夏日西瓜.mp4"素材，两者大致相同，因此不作调整，如图7-91所示。

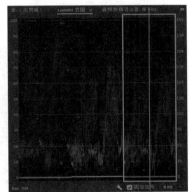

图7-91

7.3.4　实战——天空的强化校色

对于天空的校色，通常会使用"Lumetri颜色"控件中的HSL辅助功能来实现。

01 打开序列，在"效果"面板中选择"视频效果→颜色校正→Lumetri颜色"特效，并将其拖曳到视频素材上，如图7-92所示。

图7-92

02 在"效果控件"面板中找到并展开"Lumetri颜色"参数，在"HSL辅助→键"中单击蓝色色相图标，Premiere将自动选中画面的蓝色部分，如图7-93所示。

图7-93

03 在"优化"区域中设置"降噪"的数值为100，"模糊"的数值为10，如图7-94所示。

图7-94

04 在"更正"区域中单击色环中的蓝色部分，将天空变蓝，如图7-95所示。

129

图7-95

7.3.5 实战——清晨/中午/傍晚/夜晚环境光的调色

本节介绍不同时间段的调色方法。

1. 清晨环境光的调色

01 打开序列，切换至"效果"工作区。选择"视频效果→过时→三向颜色校正器"特效，并将其拖曳到素材上，如图7-96所示。

图7-96

02 在"效果控件"面板中选择"三向颜色校正器"区域，在"输入色阶"区域中将"中间调"滑块向左移动至0.7处，如图7-97所示。画面逐渐失去了光源，这样更加接近于清晨的环境。

图7-97

03 在"输入色阶"区域中将"阴影"滑块向右移动至11处，将画面的阴影也压暗一些，如图7-98所示。

图7-98

04 展开"饱和度"选项，设置"中间调饱和度"的数值为70，将光源的饱和度降低一些，如图7-99所示。

05 清晨的光源是有点偏蓝色的，因此将"高光"向蓝色偏移一些，如图7-100所示。

06 为了增加氛围，也可将"中间调"适当向蓝色偏移，如图7-101所示。效果对比如图7-102所示。

图7-99

图7-99（续）

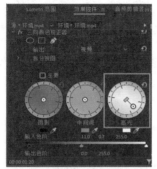

图7-100

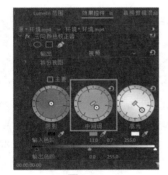

图7-101

调色前

图7-102

调色后

图7-102（续）

2. 中午环境光的调色

01 打开序列，切换"效果"工作区。选择"视频效果→过时→三向颜色校正器"特效，并将其拖曳到素材上。

02 中午阳光光线较为温暖，宜为暖色调。在"效果控件"面板中找到"三向颜色校正器"特效，将"高光"向橙色偏移，如图7-103所示，在"输入色阶"区域中将"阴影"滑块向右调整至8处，将阴影压暗一点以提高对比度，如图7-104所示。

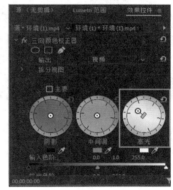

图7-103

图7-104

03 将"中间调"向橙色偏移以增强中午的环境效果，如图7-105所示。效果对比如图7-106所示。

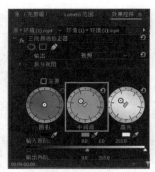

图7-105

图7-106

3. 傍晚环境光的调色

01 打开序列，切换至"效果"工作区。选择"视频效果→过时→三向颜色校正器"特效，并将其拖曳到素材上。

02 傍晚因缺乏环境光而显得昏暗，因此可以用中间调来控制环境光的变化。在"输入色阶"区域中将"中间调"滑块向左调整至0.7处，以压暗环境光，如图7-107所示，傍晚的阳光带着黄色，因此将"高光"向橙色偏移，如图7-108所示。

图7-107

图7-108

03 傍晚的阳光除了黄色之外，还会有一些红色与蓝色。红色与蓝色结合为紫色，因此可以将"阴影"适当向紫色偏移，如图7-109所示。效果对比如图7-110所示。

图7-109

图7-110

4. 夜晚环境光的调色

01 打开序列，切换至"效果"工作区。选择"视频效果→过时→三向颜色校正器"特效，并将其拖曳到素材上。

02 夜晚可见度低，因此在"输入色阶"区域中将"中间调"滑块向左调整至0.8处，以压暗环境光，如图7-111所示，在"输出色阶"区域中将"高光"滑块向左调整至215处，如图7-112所示。

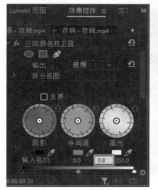 

图7-111   图7-112

03 展开"饱和度"选项，设置"主饱和度"的数值为50，如图7-113所示。效果对比如图7-114所示。

图7-113

图7-114

7.3.6 实战——关键帧调色

01 打开序列，切换至"效果"工作区，选择"视频效果→过时→快速颜色校正器"特效，并将其拖曳到视频素材上，如图7-115所示。

图7-115

02 在"效果控件"面板中找到并展开"快速颜色校正器"区域，如图7-116所示。

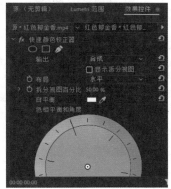

图7-116

03 单击想要进行调整前的"切换动画"按钮，开启调色需要一个或多个关键帧，如图7-117所示。

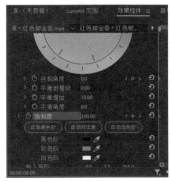

图7-117

04 拖曳"效果控件"面板内的播放滑块，移动至要调色的位置，直接在"效果控件"面板中的"快速颜色校正器"区域中调色即可，如图7-118和图7-119所示。

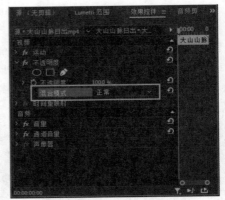

图7-120

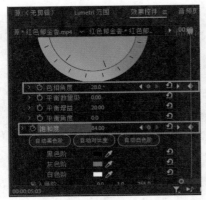

图7-118

图7-119

图7-121

7.3.7 混合模式调色

混合模式的主要作用是可以用不同的方法将上方图像的颜色值与下方图像的颜色值混合。当将一种混合模式应用于某一图层时，在此图层或下方的任何图层上都可看到混合模式的效果。Premiere中色彩混合方式和Photoshop中的基本相同，如图7-120所示。

混合模式的具体选项及效果可分为如下几类，如图7-121所示。

1. "颗粒"模式

使用"溶解"可以通过不透明度的调整使素材具有一定密度的颗粒感，不透明度越高，颗粒密度越高，如图7-122所示。

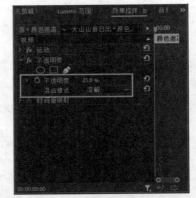

图7-122

图7-122（续）

2. "变暗"模式

"变暗"不会将两个图层完全混合，即该模式会对两个图层的像素内容进行对比，然后显示两者中更暗的像素内容。为了方便说明此问题，这里提供了一张"白灰黑色卡"，如图7-123所示。

图7-123

将此色卡放置在混合图层中，并将混合模式调整为"变暗"模式。可以发现，色卡白色部分比基色图层的像素内容亮度高，所以该区域经过"变暗"处理将显示色卡下方基色图层的像素内容；色卡黑色部分比其下方基色图层的像素内容亮度低，所以色卡黑色区域经过"变暗"处理将显示为色卡的黑色内容；灰色部分的内容则介于两者之间，如图7-124所示。

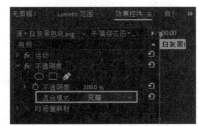

图7-124

"相乘"属于变暗模式，其公式是"基色×混合色=结果色"，所以即使上下图层内容调换后采用相乘模式，其混合结果也一致。该效果的结果色就是一个比基色和混合色更深的"叠加色"。当基色为黑色时，无论混合色为什么颜色，结果都是黑色；当混合色为黑色时，无论基色为什么颜色，结果也都是黑色。因为相乘的结果就是得到一个比基色与混合色都深的颜色，因为没有比黑色更深的颜色了，所以其结果永远是黑色，如图7-125和图7-126所示（注意基色与混合色的图层关系）。

图7-125

图7-126

图7-126（续）

> **技巧提示：** 对比"变暗"与"相乘"，可以这样总结其区别："变暗"不生成新的颜色，而"相乘"会生成新的颜色。

"颜色加深"通常用于解决曝光过度的问题，即在保留白色的情况下，通过计算每个通道中的颜色信息，以提高对比度的方式（除白、黑以外，其他每一种暗度都提高对比度），使基色图层变暗，再与混合图层混合，效果如图7-127所示。

图7-127

3. "变亮"模式

"变亮"属于变亮模式，其效果与"变暗"相反；"滤色"属于变亮模式，其效果与"相乘"相反；"颜色减淡"属于变亮模式，其效果与"颜色加深"相反；"线性减淡（添加）"属于变亮模式，其效果与"颜色减淡"相近，但是较亮的素材会变得更亮，而对比度和饱和度则会有所下降；"浅色"属于变亮模式，其效果与"深色"相反。

4. "对比度"模式

"叠加"属于"对比度"模式，即除50%灰以外其他所有图层叠加区域都提高对比度，且色相会

根据叠加的颜色而发生改变，如图7-128所示。

图7-128

"柔光"是"叠加"模式的"弱化"效果版本，即叠加效果相对较弱，如图7-129所示。

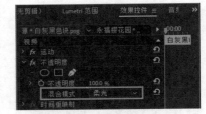

图7-129

使用"强光"，50%灰色将不被影响，亮度高于50%灰色的图像将被执行接近"滤色"的效果（变亮），反之将被执行接近"相乘"的效果（变

暗），如图7-130所示（本色卡为纯白、50%灰、纯黑，所以白色、黑色都被保留了，而灰色将被去掉）。

图7-130

"亮光"可以理解为"叠加"的增强版本，如图7-131所示。

图7-131

"线性光"是"线性加深"和"线性减淡（添加）"的组合，即50%的灰色将被扣除，亮度低于

50%灰色的区域将被执行"线性加深（变暗）"，反之将被执行"线性减淡（添加）"（变亮），如图7-132所示。

图7-132

"点光"是"变暗"和"变亮"的组合，如图7-133所示。

图7-133

"强混合"是将混合色的RGB通道数值添加到基色的RGB数值中（增大数值），其结果往往是颜

色较纯，如图7-134所示。

图7-134

5. "差值"模式

"差值"的原理是对两个图层中的RGB通道数值进行分别比较，将"基色"的RGB值与"混合色"的RGB值（每个通道一一对应）相减，作为结果色（结果取正值）。为方便理解，在软件中创建亮光色块，参数值如图7-135和图7-136所示。

对混合色的图层（色块）进行"差值"混合，结果如图7-137所示。

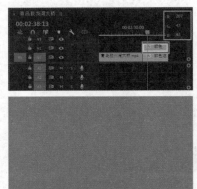

图7-135

图7-136

图7-136（续）

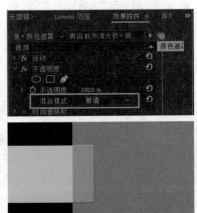

图7-137

为方便对颜色进行对比，在结果色旁放置一个色块（根据原理、公式）。其R值为207−226=−19（取19），G值为43−219=−176（取176），B值为43−33=10，结果如图7-138所示。

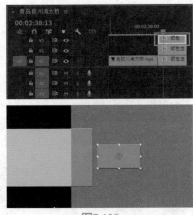

图7-138

"排除"效果与"差值"接近，但算法并不一样。"排除"具有高对比度和低饱和度的特点，其结果是颜色更加柔和、明亮。

"相减"的原理是对两个图层中的RGB通道数值进行分别对比，用"基色"的RGB值减去"混合色"的RGB值（每个通道一一对应），作为结果色（相减的最小结果为0，即减法结果为负数则取0）。参考"差值"模式理解。

"相除"的原理是将两个图层中的RGB通道

数值进行分别比较，用"基色"的RGB值除去"混合色"的RGB值（每个通道——对应），其结果取整再乘以255作为结果色（最终单个颜色通道最大数值为255）。为方便理解，在软件中创建两个色块，如图7-139所示。

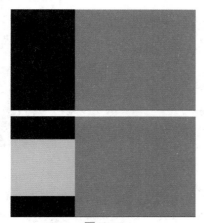

图7-139

对轨道V2的混合色的图层（色块）进行"相除"混合，结果如图7-140所示。

图7-140

为方便对颜色进行对比，在结果色块旁放置一个色块（根据原理、公式）。其R值为（207÷226）×255=19，G值为（43÷219）×255=176，B值为（43÷33）×255=10，结果如图7-141所示。

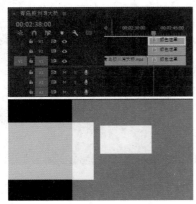

图7-141

6. "颜色"模式

"色相"属于颜色模式，其效果是将混合色的

色相应用到基色上（并不会修改基色的饱和度与亮度）；"饱和度"属于颜色模式，其效果是将"混合色的饱和度"应用到基色上（并不会修改基色的色相与亮度）；"颜色"属于颜色模式，其效果是将混合色的色相与饱和度应用到基色上（并不会修改基色的亮度）；"发光度"属于颜色模式，其效果是将混合色的亮度应用到基色上（并不会修改基色的色相与饱和度）。

将素材"青岛胶州湾大桥.mp4"导入"项目"面板并将其拖曳至"时间轴"面板中，如图7-142所示。

图7-142

新建一个"颜色遮罩"图层，视频设置保持默认，具体颜色如图7-143所示。

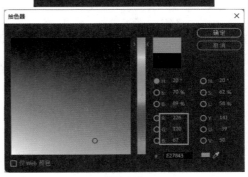

图7-143

139

将颜色遮罩拖曳至"时间轴"面板V2轨道上，并将其持续时间拉长至与素材"青岛胶州湾大桥.mp4"一致，如图7-144所示。

图7-144

在"混合模式"下拉菜单中选择"柔光"选项，如图7-145所示。

图7-145

7.3.8　实战——夜晚效果调色

调整前后的效果对比如图7-146所示。

图7-146

图7-146（续）

01　启动Premiere Pro 2022软件，使用快捷键Ctrl+O打开路径文件夹中的"夜晚效果调色.prproj"项目文件。进入工作界面后，可以看到"时间轴"面板中已经添加完成的素材，如图7-147所示。

图7-147

02 新建一个"颜色遮罩"图层，具体颜色如图7-148所示。

图7-148

03 将颜色遮罩拖曳至V2轨道并将"混合模式"设置为"线性加深"，如图7-149所示。

图7-149

图7-149（续）

04 将播放滑块放在素材最前端，然后将"不透明度"设置为60%，记录关键帧，如图7-150所示。

图7-150

05 将播放滑块放在素材末端，然后将"不透明度"设置为75%，记录关键帧，如图7-151所示。

图7-151

7.3.9　颜色校正

在Premiere中可用"RGB颜色校正器"中的"色调范围"对画面进行局部调整。

找到"RGB颜色校正器"特效，将其拖曳到素材上，如图7-152所示。

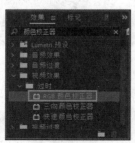

图7-152

在"效果控件"面板中找到"RGB颜色校正器"特效，在"输出"下拉菜单中选择"色调范围"选项，如图7-153所示。图像变为黑白灰图像，白色表示高光部分，黑色表示阴影部分，灰色表示中间调部分。

图7-153

展开"色调范围定义"区域。白色正方形滑块定义高光范围，黑色正方形滑块定义阴影范围，中间灰色部分定义中间调范围。三角形滑块则用于调整中间调到阴影和高光的衰减过程。可以拖曳滑块进行调整，也可以对下方的阈值与柔和度进行调整，如图7-154所示。

图7-154

在调整色调范围定义滑块后，可以在"色调范围"中选择"高光""阴影"或"中间调"选项，随后在下方调整"增益"以进行更精确的调整，如图7-155所示。

图7-155

7.3.10　局部调整

局部调整分为二次校色和遮罩校色，下面依次进行说明。

1. 二次校色

找到"三向颜色校色器"特效并将其拖曳到素材上，如图7-156所示。

图7-156

找到"效果控件"面板，找到"三向颜色校色器"特效，展开"辅助颜色校正"区域，使用"吸管工具" 吸取想要调整的颜色，这时可单击第2个"吸管工具" 增加类似色，具体操作方法如图7-157所示，结果如图7-158所示。

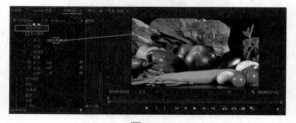

图7-157

图7-157（续）

图7-158

在"辅助颜色校正"区域中取消勾选"显示蒙版"复选框，随后展开"色相"选项，调整"起始阈值"和"结尾阈值"以更加精确地选取范围，并根据需要调整柔和度，如图7-159所示。

图7-159

展开"饱和度"选项，调整阈值和柔和度，如图7-160所示。

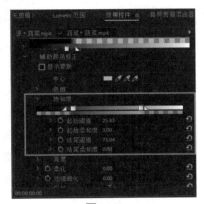

图7-160

展开"亮度"选项，调整阈值和柔和度，如图7-161所示。

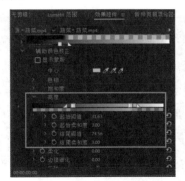

图7-161

展开"柔化"选项进行柔化。随后展开"边缘细化"区域，强化柔化结果，如图7-162所示。

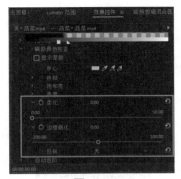

图7-162

在"三向颜色校色器→拆分试图"中调整中间调、高光和阴影的色轮，如图7-163所示。

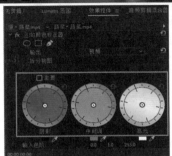

图7-163

2. 遮罩调色

可以使用遮罩进行局部颜色调整。

在"效果"面板中找到"Lumetri颜色"特效并将其拖曳到素材上，如图7-164所示。

图7-164

找到"效果控件"面板，找到"Lumetri颜色"特效，将想要调整颜色的局部选取出来，如图7-165所示。

图7-165

展开"色轮和匹配"区域，调整"中间调"，如图7-166所示。

图7-166

图7-166（续）

7.3.11 实战——静态人物景深

在视频剪辑中，若主体人物运动幅度小，则可以给视频剪辑中的静态人物添加景深效果，让观众更好地聚焦在静态人物身上。

1. 遮罩调色

01 启动Premiere Pro 2022软件，使用快捷键Ctrl+O打开路径文件夹中的"静态人物景深.prproj"项目文件，在"项目"面板中打开序列，在"效果"面板中找到"Lumetri颜色"特效并将其拖曳到素材上，如图7-167所示。

图7-167

02 在"效果控件"面板中展开"Lumetri颜色"特效，单击"创建椭圆形蒙版"按钮 ，调整椭圆直至选中人物，适当调整蒙版羽化值，也可拖曳椭圆右上角的空心小圆点进行羽化，如图7-168所示。

03 在"效果控件"面板的"蒙版"栏下勾选"已反转"复选框，展开"曲线"参数，单击"主要"曲线的中间部分添加一个锚点并向下拖曳，使视频产生暗角，让观众的目光更好地聚焦在人物身上，如图7-169所示。

图7-168

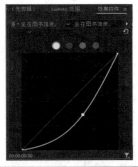

调整前

调整后

图7-169

2. 添加高斯模糊

01 打开序列，在"效果"面板中找到"高斯模糊"特效并将其拖曳到素材上，如图7-170所示。

图7-170

02 在"效果控件"面板中展开"高斯模糊"特效，单击"创建椭圆形蒙版"按钮 ◯，调整椭圆直至选中人物，适当调整蒙版羽化值，也可拖曳椭圆右上角的空心小圆点进行羽化，如图7-171所示。

图7-171

03 在"效果控件"面板的"蒙版"栏下勾选"已反转"复选框，根据需要调整"模糊度"数值，如图7-172所示。

图7-172

7.3.12 实战——动态人物景深

在视频剪辑中，若主体人物是运动着的，就很有可能会受到运动着的背景的影响，可以给视频剪辑中的动态人物添加景深效果，让观众更好地聚焦在动态人物身上。

01 启动Premiere Pro 2022软件，使用快捷键Ctrl+O打开路径文件夹中的"动态人物景深.prproj"项目文件，在"项目"面板中打开序列，在"效果"面板中找到"高斯模糊"特效并将其拖曳到素材上，如图7-173所示。

图7-173

02 在"效果控件"面板中展开"高斯模糊"特效，单击"创建椭圆形蒙版"按钮 ◯，调整椭圆直至选中人物，适当调整蒙版羽化值，也可拖曳椭圆右上角的空心小圆点进行羽化，如图7-174所示。

图7-174

03 在"效果控件"面板的"蒙版"栏下勾选"已反转"复选框，根据需要调整"模糊度"数值，如图7-175所示。

图7-175

04 单击"向前跟踪所选蒙版"按钮 ▶ 进行蒙版跟踪，随后将弹出进度条，Premiere将自动为蒙版路径添加一系列关键帧，如图7-176所示。

05 在"效果"面板中找到"Lumetri颜色"特效，并将其拖曳到素材上，如图7-177所示。

图7-176

图7-176（续）

图7-177

06 将播放滑块移至开头处。在"效果控件"面板中展开"Lumetri颜色"特效，单击"创建椭圆形蒙版"按钮 ⬤ ，调整椭圆直至选中人物，适当调整蒙版羽化值，也可拖曳椭圆右上角的空心小圆点进行羽化，如图7-178所示。

图7-178

07 在"效果控件"面板的"蒙版"栏下勾选"已反转"复选框。在"效果控件"面板的"Lumetri颜色"选项中，展开"RGB曲线"，单击"主要"曲线的中间部分添加一个锚点并向下拖曳，使视频产

生暗角，让观众的目光更好地聚焦在人物身上，如图7-179所示。

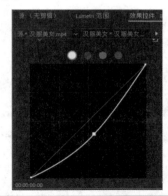

图7-179

08 单击"向前跟踪所选蒙版"按钮进行蒙版跟踪，随后弹出进度条，Premiere将自动为蒙版路径添加一系列关键帧，如图7-180所示。

图7-180

7.4 综合实战——赛博朋克风格城市调色

赛博朋克里的颜色一般以粉色、青色、蓝色以及绿色为主，通过高饱和冷暖色的强烈对比，使得在夜晚拍摄的视频或照片呈现出一种纸醉金迷的效果，讲解在Premiere Pro中如何制作出赛博朋克风格城市效果。效果对比如图7-181所示。

调色前

调色后

图7-181

图7-183

02 在"项目"面板空白区域右击，在弹出的快捷菜单中选择"新建项目→调整图层"选项，在弹出的"调整图层"对话框中单击"确定"按钮，并将其拖曳至"时间轴"面板V2轨道上，如图7-184所示。

图7-184

01 启动Premiere Pro 2022软件，使用快捷键Ctrl+O打开路径文件夹中的"城市调色.prproj"项目文件。进入工作界面后，可以看到"时间轴"面板中已经添加完成的素材，如图7-182所示。在"节目"监视器面板中可以预览当前素材效果，如图7-183所示。

03 在"Lumetri颜色"面板中展开"基本校正"参数，展开"白平衡"参数，设置"色温"的数值为-90，"色彩"数值为40，展开"色调"参数，设置"曝光"的数值为1.6，"对比度"的数值为60，"高光"的数值为40，"阴影"的数值为-20，"白色"的数值为20，"黑色"的数值为-20，如图7-185所示（具体参数可根据视频效果再进行调整）。

图7-182

图7-185

04 展开"曲线→RGB曲线"参数，在"RGB曲线"曲线面板中添加控制点，并进行拖曳调整，如图7-186所示。

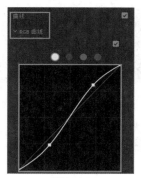

图7-186

05 展开"色相饱和度曲线"参数，使用"色相与色相"中的"吸管工具"，吸取"节目"监视器面板中画面的天空颜色，如图7-187所示，在"色相与色相"曲线面板中显示三个控制点，将中间的控制点适当向上拖曳，如图7-188所示。

图7-187

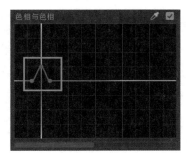

图7-188

06 再吸取"节目"监视器面板中画面的道路颜色，同理进行拖曳调整，如图7-189所示。

图7-189

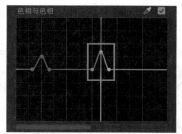

图7-189（续）

07 赛博朋克风格效果如图7-190所示。在"时间轴"面板中"调整图层"调整持续时间为00:02:01:14，如图7-190所示。

图7-190

08 在"项目"面板中取消"城市夜景.mp4"素材的链接，使用快捷键Ctrl+L单击V1轨道上的"城市夜景.mp4"素材，按住Alt键向上拖曳至V3轨道上，如图7-191所示。

图7-191

09 为了进行对比调色效果，在"效果"面板中，添加"视频效果→过渡"效果，选择"线性擦除"特效并将其拖曳至V3轨道的"城市夜景.mp4"素材上，如图7-192所示。

10 在"效果控件"面板中展开"线性擦除"参数，单击"过渡完成"属性前的"切换动画"按钮，

在当前时间点创建第1个关键帧，将播放滑块移动至
00:00:10:00处，添加第2个关键帧，设置"过渡完
成"的数值为100，如图7-193所示。

图7-192

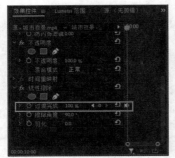

图7-193

图7-193（续）

7.5　本章小结

　　本章为用户介绍了视频颜色校正与调整的基础
知识，以及Premiere Pro 2022中的图像控制效果、
过时类效果、颜色校正类效果的具体应用。掌握和
熟悉Premiere Pro中的各类调色效果的具体使用及应
用效果，可以帮助用户在进行视频处理工作时，游
刃有余地将画面处理为想要的色调和效果，实现作
品风格的多样性。

第 8 章

字幕的创建与编辑

字幕的创建与编辑是影视编辑处理软件中的一项基本功能，字幕除了可以帮助影片更好地展现相关内容信息外，还可以起到美化画面、表现创意的作用。Premiere Pro 2022为用户提供了制作影视作品所需的大部分字幕功能，在无需脱离Premiere Pro工作环境的情况下能够实现不同类型字幕的制作。

本章重点 ▶

- 创建字幕的几种方法
- 制作滚动字幕

- 在"字幕"面板中编辑字幕
- 为字幕添加样式

本章效果图欣赏

8.1 创建字幕

在Premiere Pro 2022中，用户可以通过创建字幕剪辑来制作需要添加到影片画面中的文字信息。下面介绍在Premiere Pro 2022中创建字幕的几种方法。

8.1.1 "基本图形"面板概述

在"效果"工作区中找到"基本图形"面板。"基本图形"面板分为两个部分，一个是"浏览"，另一个是"编辑"，如图8-1所示。

"基本图形"面板重要参数介绍如下。

- 浏览：用于浏览内置的字幕面板，其中许多模板还包含了动画。

- 编辑：对添加到序列中的字幕或在序列中创建的字幕进行修改。

图8-1

可使用模板，也可以使用"文字工具" **T**，在"节目"面板中单击创建字幕。还可以使用"钢笔工具" **🖋**在"节目"面板中创建形状。长按文字工具后还可选择"垂直文字工具" **T**；长按"钢笔工具"后可选择"矩形工具" **▭**或"椭圆形工具" **◯**。创建了形状或文字元素后，可使用"选择工具" **▶**调整其位置与大小。

> **技巧提示：** 在激活选择工具的前提下，在"节目"面板中单击，激活形状后即可调整控制手柄改变其形状。随后切换至"钢笔工具"，则可以看到锚点，调整锚点即可重塑形状。切换回"选择工具"，单击形状之外的区域，隐藏控制手柄，则可更加清晰地看到结果。

选择"选择工具",单击"节目"面板中的文字"西藏美景",则会在"基本图形"面板的"编辑"区域中出现文字"西藏美景"的"对齐并变换"控件、"外观"控件和其他控件,将光标悬停在控件按钮上即可显示该控件的名称,如图8-2所示。

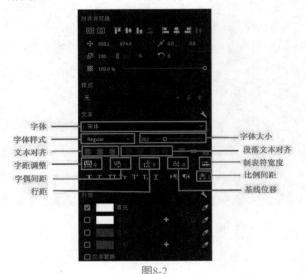

图8-2

另外,用户可以自由切换为其他字体,如图8-3所示。每个系统载入的字体都是不同的,若想添加更多的字体,可以自行在C盘的Fonts文件夹中安装。

图8-3

8.1.2 字幕的创建方法

Premiere提供了两种方法来创建文字,即点文字和段落文字,且这两种创建文字的方法都提供了水平方向创建文字和竖直方向创建文字的选项。

1. 点文字

在输入时建立一个文字框,文字会排成一行,

直至按下Enter键换行。在改变文字框的大小和形状的同时也会改变文字的缩放比例。

01 打开序列,选择"文字工具" ，单击"节目"面板,输入文字"玫瑰花",如图8-4所示。注意,最后一次在"基本图形"面板中所做的设置将被应用到新创建的字幕上。

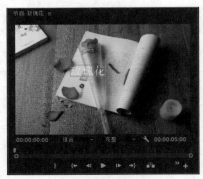

图8-4

02 激活"选择工具" 快捷键为V(英文输入法),文字外围将出现一个带有控制手柄的文字框,如图8-5所示。

图8-5

03 拖曳文字框的边角进行缩放。在默认情况下,文字的高度和宽度将保持相同的缩放比。单击"基本图形→编辑→玫瑰花→对齐并变换→设置缩放锁定"按钮 ,取消等比缩放,即可分别调整高度与宽度,如图8-6所示。

图8-6

图8-6（续）

04 将光标悬停在文字框的任意一角外，光标将变成一个弯曲的双箭头，拖曳双箭头可以旋转文字。锚点的默认位置在文本框的左下角，文字将绕着锚点旋转，如图8-7所示。

图8-7

05 单击轨道V1前的切换轨道输出按钮■，禁用轨道V1输出，如图8-8所示。

图8-8

06 单击"节目"面板中的"设置"按钮■，执行

"透明网格"命令，在透明网格背景中字幕不容易看清楚，如图8-9所示。

图8-9

07 在"基本图形"面板中的"编辑→玫瑰花→外观"中勾选"描边"复选框，并单击色块，在"拾色器"弹窗中选取黑色，如图8-10所示。

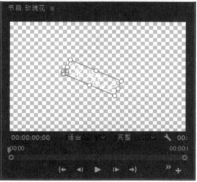

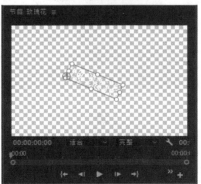

图8-10

08 将"描边宽度"设置为20，即可清晰地看到文字，并且在背景颜色变化时依然能够保持可读性，如图8-11所示。

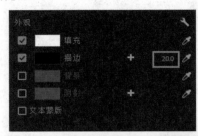

图8-11

2. 段落文字

在输入文字前就已经设置完成了文字框的大小和形状。若之后再改变文字框的大小和形状则可以显示更多或更少的文字，但不变文字的缩放比例。

01 选择"文字工具" **T**，在"节目"面板中拖曳创建文本框后输入段落文字。若需换行，则按Enter键。段落文字会将文字限定在文本框之内，并在文本框的边缘自动换行，如图8-12所示。

图8-12

02 单击"选择工具" **▶**，拖曳文字框可改变文字框的大小和形状。注意，调整文字框的大小不会改变文字大小，如图8-13所示。

在"节目"面板中使用"文字工具"时，单击并输入就可以添加点文字，通过拖曳创建一个文字

框，然后再输入文字就可以添加段落文字。

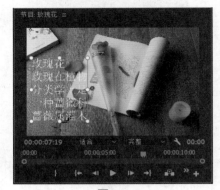

图8-13

8.1.3 实战——创建并添加字幕

下面以实例的形式演示如何在项目中创建并添加字幕。

01 启动Premiere Pro 2022软件，使用快捷键Ctrl+O打开路径文件夹中的"添加字幕.prproj"项目文件。进入工作界面后，可以看到"时间轴"面板中已经添加完成的背景图像素材，如图8-14所示。在"节目"监视器面板中可以预览当前素材效果，如图8-15所示。

图8-14

图8-15

02 单击"文字工具" **T**，在"节目"面板左下角单击并输入文字"围棋人生"，如图8-16所示。

03 在"基本图形"面板中设置"文本字体"的数值为670，设置"位置"参数为471、3744，设置"字体样式"为"华文行楷"，如图8-17所示。

图8-16

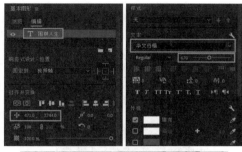

图8-17

04 至此，就完成了字幕的创建和添加工作。添加字幕前后的画面效果如图8-18所示。

图8-18

8.2　字幕的处理

8.2.1　风格化

"基本图形"面板可以对文字的字体、位置、缩放、旋转和颜色等进行修改，如图8-19所示。在"基本图形"面板中对字幕作出的修改，和在"效果控件"面板"文本"区域中对字幕作出的修改效果是相同的。

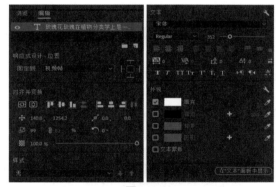

图8-19

1. 更改字幕外观

在"基本图形"面板的"外观"区域可以更改字幕外观，增强文字的易读性。

- 填充：为文字确定一个主色，有利于使文字与背景形成对比，保持文字的易读性。
- 描边：为文字外部添加边缘，有利于保持文字在复杂背景上的易读性。
- 阴影：为文字添加阴影。通常选择一个颜色较暗的阴影会令效果更加明显。还可以调整阴影的柔和度，同时也需保证该文字的阴影角度和项目中其他文字的阴影角度一致。

用户可以自由更改"填充""描边""阴影"的颜色，方法为通过单击色块调出"拾色器"弹窗选取颜色。有时选取颜色后，预览颜色旁会出现一个警告按钮，如图8-20所示，这是Premiere在提醒该颜色不是广播安全色，这意味着将视频信号投入广播电视时很可能会出现问题。单击警告按钮即可自动选择最接近该颜色的广播安全色。

图8-20

2. 保留自定义样式

如果设置了自己喜欢的文字外观，则可以将其保存为文字样式，供下次使用。文字样式包含了文字的颜色和属性等，可以应用文字样式来更改文字。下面来尝试一下保存与应用文字样式。

01 创建两个文字样式不同的字幕，选择文本"电脑"，如图8-21所示。

图8-21

02 执行"基本图形→编辑→电脑→样式→创建样式"命令，将该文字样式命名为"填蓝描白"，如图8-22所示。

图8-22

03 这个文字样式将添加到"主样式"中，如图8-23所示。

04 切换至"组件"工作区面板。这个新的文本样式也将被自动添加到"项目"面板中，以便让用户更加轻松地在剪辑之间共享该文本样式，如图8-24所示。

图8-23   图8-24

05 切换至"效果"工作区面板。选择文字"茶杯"，执行"基本图形→编辑→茶杯→样式→填蓝描白"命令，文本"茶杯"将应用"填蓝描白"样式，图8-25所示。

图8-25

8.2.2 滚动效果

用户可以为视频的片头和片尾字幕作出滚动、游动效果。下面讲解制作视频字幕的滚动效果。

"滚动"参数（见图8-26和图8-27）介绍如下。

● **启动屏幕外**：将字幕设置为开始时完全从屏幕外滚进。

● **结束屏幕外**：将字幕设置为完全滚动出屏幕。

● **预卷**：设置第1个文本在屏幕上显示之前要延迟的帧数。

图8-26

图8-27

- 过卷：设置字幕结束后播放的帧数。
- 缓入：设置在开始的位置将滚动或游动的速度从零逐渐增大到最大速度的帧数。
- 缓出：设置在末尾的位置放慢滚动或游动字幕速度的帧数。

播放速度是由时间轴上滚动或游动字幕的长度决定的。较短字幕的滚动或游动速度比较长字幕的滚动或游动速度快。

8.2.3 实战——影视片尾滚动文字

01 启动Premiere Pro 2022软件，使用快捷键Ctrl+O打开路径文件夹中的"滚动字幕.prproj"项目文件。进入工作界面后，可以看到"时间轴"面板中已经添加完成的背景图像素材，如图8-28所示。在"节目"监视器面板中可以预览当前素材效果，如图8-29所示。

图8-28

图8-29

02 打开路径文件夹中的文本文档，复制文本内容，单击"文字工具"按钮**T**，进入"节目"监视器面板，然后使用快捷键Ctrl+V粘贴复制的文本内容，如图8-30所示。

图8-30

> **提示：部分创建的文字不能正常显示，原因是当前的字体类型不支持该文字的显示，替换合适的字体后即可正常显示。**

03 切换"选择工具"选择文本内容，在"基本图像"面板中设置字体、行距和填充颜色等参数，并将文字摆放至合适位置，如图8-31所示。

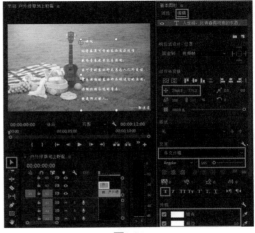

图8-31

04 单击"节目"监视器面板空白处，在"基本图像"面板中，勾选"滚动"复选框，"节目"监视器面板中会出现一个滚动条，根据需求可以设置"滚动"参数来控制播放速度，如图8-32所示。

图8-32

05 在"时间轴"面板中右击V2轨道上的字幕素材，在弹出的快捷菜单中选择"速度/持续时间"选项，弹出"剪辑速度/持续时间"对话框，修改"持续时间"为00:00:12:00，如图8-33所示，单击"确定"按钮。

图8-33

06 上述操作完成后，"时间轴"面板中的字幕素材的时长将与V1轨道的"背景.jpg"素材一致，如图8-34所示。

图8-34

07 在"节目"监视器面板中可预览最终的字幕效果，如图8-35所示。

图8-35

8.2.4　字幕模板

1. 处理字幕模板

"基本图形"面板中的"浏览"区域包含许多字幕模板，用户可以将想要的字幕模板拖曳到序列上并对其进行修改，如图8-36所示。

许多字幕模板都包含了动态图形，所以其也被称为动态图形模板。有些字幕模板的右上角可能会有一个"警告"标志，这说明该字幕模板中的字体在用户当前的系统中并没有被安装。若在序列中添加这样的字幕模板，将弹出解析字体对话框。选中缺失字体的复选框，字体将自动安装以供用户使用。

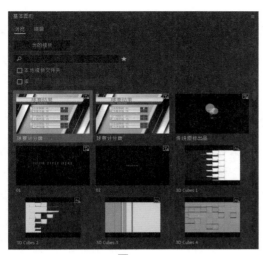

图8-36

2. 创建自定义的字幕模板

用户可以创建自定义的字幕模板，只需要选中想要导出的字幕，然后在菜单栏中执行"图形和标题→导出为动态图形模板"命令即可，如图8-37所示。

图8-37

可以给自定义的字幕模板命名，并为其选择一个存储位置，如图8-38所示。

图8-38

若将自定义的字幕模板存储在本地存储器中，则可以在任何项目中导入该字幕模板，具体方法为在菜单栏中执行"图形和标题→安装动态图形模板"命令，如图8-39所示，或在"基本图形"面板中的"浏览"区域中单击"安装动态图形模板"按钮，如图8-40所示。

图8-39   图8-40

8.2.5 形状字幕

在创建字幕时，可能需要创建非文字内容的图形。Premiere提供了创建矢量形状作为图形元素的功能，还可以从本地导入图形元素。

1. 创建形状

01 打开序列，选择"钢笔工具"，在"节目"面板中单击多点，创建形状。每次单击时，Premiere都会自动添加一个锚点，最后单击第1个锚点即可完成绘制，如图8-41所示。

图8-41

159

02 在"基本图形"面板的"编辑→形状01→外观"中更改"填充"颜色为白色,勾选"描边"复选框并更改"描边"颜色为黑色,设置"描边宽度"为40,如图8-42所示。

图8-42

03 再次使用"钢笔工具" ,在"节目"面板中创建一个新形状,但这次不是单击,而是在每次单击时进行拖曳。在拖曳时Premiere将创建带有贝塞尔手柄的锚点,可以更加精确地控制创建的形状,如图8-43所示。

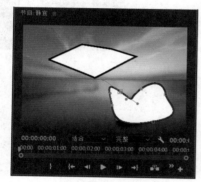

图8-43

04 长按"钢笔工具"按钮,选择"矩形工具" ,创建矩形。在绘制的同时按住Shift键会创建正方形,如图8-44所示。

图8-44

05 选择"椭圆工具" ,创建椭圆。在绘制的同

时按住Shift键会创建圆形,如图8-45所示。

图8-45

2. 添加图形

01 打开序列,在"基本图形"面板的"编辑"区域中单击"新建图层"按钮 ,选择"来自文件"选项,如图8-46所示。

图8-46

02 找到想要导入的图形,选中后单击"打开"按钮,如图8-47所示。

图8-47

03 选中图形,随后即可在"基本图形"面板的"编辑→气球"中调整图形的位置、大小、旋转、缩放与不透明度等,如图8-48所示。

图8-48

8.3　变形字幕效果

用户可以在Premiere中打造更加个性化的字幕。例如，可以从"效果"面板中为字幕添加变形效果，也可以调整"效果控件"面板中的"运动"选项，为字幕做出运动效果等。本节将讲解如何为字幕做出变形效果。

8.3.1　输入字幕并添加效果

01 新建项目。右击"项目"面板空白处，在弹出的快捷菜单中选择"新建项目→黑场视频"选项，如图8-49所示。

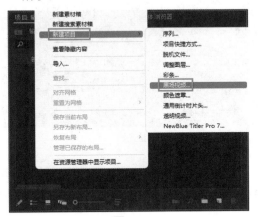

图8-49

02 建立一个720×576像素的黑场视频，具体参数设置如图8-50所示。

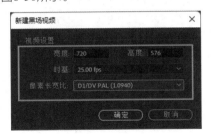

图8-50

03 将黑场视频拖曳到时间轴上，如图8-51所示。

图8-51

04 在"节目"面板中单击并输入"变形字幕效果"文本，如图8-52所示。

图8-52

05 切换至"效果"工作区面板。在"基本图形"面板中的"编辑"区域中将文字垂直居中对齐和水平居中对齐，如图8-53所示。

图8-53

06 在"效果"面板中执行"视频效果→扭曲→波形变形"命令并将其拖曳到字幕图层上，如图8-54所示。

图8-54

07 按Space键播放，就可以看到文字一边跳动，一边变形。也可以在"效果控件"面板中找到"波形变形"效果，根据需要调整参数，如图8-55所示。

图8-55

8.3.2 运用位置／旋转／缩放等工具修改字幕

01 新建项目。右击"项目"面板中空白区域，在弹出的快捷菜单中选择"新建项目→黑场视频"选项，如图8-56所示。

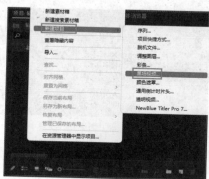

图8-56

02 建立一个宽度为720×576像素的黑场视频，将黑场视频拖曳到时间轴上（上个案例有相同步骤这里就不重复讲解了）。

03 在"节目"面板中单击并输入"修改字幕"，切换至"效果"工作区面板，在"基本图形"面板中的"编辑"区域中将文字垂直居中对齐和水平居中对齐，如图8-57所示。

04 在"效果控件"面板的"运动"中将"位置"的横坐标修改为204，使文字位于画面左侧。随后单

击"位置"字样前的"切换动面"按钮 ◎ 添加一个关键帧，如图8-58所示。

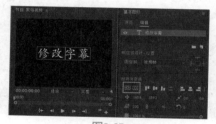

图8-57

图8-58

05 拖曳播放滑块至字幕图层结尾处，随后将"位置"的X轴坐标修改为514，使文字位于画面右侧，Premiere将自动添加一个关键帧，如图8-59所示。将播放滑块移动至字幕图层开头处，按Space键播放即可看到字幕的移动效果。

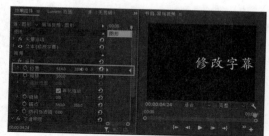

图8-59

06 在确保播放滑块位于字幕图层开头处的前提下，在"效果控件"面板的"运动"中单击"缩放"字样前的"切换动画"按钮 ◎ ，添加一个关键帧，如图8-60所示。

图8-60

07 拖曳播放滑块至画面中文字位于正中心的位置后,将"缩放"修改为140,将文字放大,Premiere将自动添加一个关键帧,如图8-61所示。

图8-61

08 拖曳播放滑块至字幕图层结尾处,随后将"缩放"修改100,使文字为原来的大小,Premiere将自动添加一个关键帧,如图8-62所示。

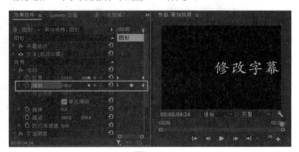

图8-62

09 在确保播放滑块位于字幕图层开头处的前提下,在"效果控件"面板的"运动"中单击"旋转"字样前的"切换动画"按钮 ,添加一个关键帧, 拖曳播放滑块至画面中文字位于正中心的位置,随后将"旋转"修改为360°,将文字旋转一周,Premiere将自动添加一个关键帧, 如图8-63所示。

图8-63

10 拖曳播放滑块至字幕图层结尾处,随后将"旋转"修改为720°,将文字再旋转一周,Premiere将自动添加一个关键帧,如图8-64所示。

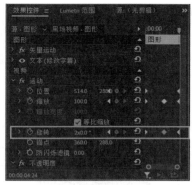

图8-64

8.4 新功能——语音转文本

8.4.1 语音转文本功能介绍

在制作一些解说、谈话类的视频时,经常会有大段的念白,在后期视频处理时需要为每句话添加相应的字幕。在传统的后期制作里,字幕制作需要创作者反复试听视频语音,然后根据语音卡准时间点将文字敲打上去,这样的做法势必会花费比较多的时间。

为了提高制作视频的效率,Premiere Pro 2022在后期视频的处理过程中,升级了字幕工具——语音转文字功能,这样就可以使用便捷高效的字幕转换手法来有效地节省一些不必要的时间投入。下面介绍此功能。

切换字幕和图形工作界面中的"文本"面板,如图8-65所示。

图8-65

功能按钮介绍如下。

- 转录序列:对"时间轴"面板中的视频或音频进行语音转文本,并且可自动生成字幕。
- 创建新字幕轨:将在"时间轴"面板中创建C(字幕)轨道。

- 从文件导入说明性字幕：可在文件夹中选择视频或音频进行转录说明性字幕。

8.4.2 实战——使用语音转文本创建字幕

01 启动Premiere Pro 2022软件，使用快捷键Ctrl+O打开路径文件夹中的"语音转文字.prproj"项目文件。进入工作界面后，可以看到"时间轴"面板中已经添加完成的背景图像素材，如图8-66所示。

图8-66

02 在"时间轴"面板中选择"语音.wav"素材，打开"字幕和图像"工作界面中的"文本"面板，单击"转录序列"按钮，弹出"创建转录文本"对话框，转录语言可设置13种语言，此外也可以设置仅转录从入点到出点，设置完成之后单击"转录"按钮，如图8-67所示。

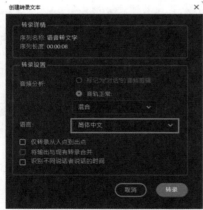

图8-67

03 如果在转录完成后，识别后的文本中有错别字，可以双击文本区域，对文字进行修改，如图8-68所示。单击文本中的文字时，"节目"监视器面板中的画面也会对应有所变化，如图8-69所示。

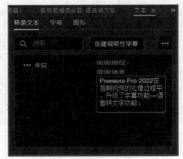

图8-68

图8-69

04 转录完成后单击"创建说明性字幕"按钮，弹出"创建字幕"对话框，具体设置字幕预设、格式、样式等功能后，单击"确定"按钮，如图8-70所示。

图8-70

05 在"时间轴"面板自动形成字幕轨道，在"节目"监视器面板视频中也会自动显示字幕，如图8-71所示。

图8-71

06 此时自动生成的字幕不清晰，在右侧的"基本图形"面板中调整字幕字体、外观等，画面中的字幕显示更加清楚，如图8-72所示。

图8-72

8.5 综合实战——古风水墨动态字幕

剪辑视频时，根据背景音乐添加歌词字幕，本案例将介绍制作古风水墨显现动态字幕的过程，让画面和歌词呈现出更好的视觉效果。

01 启动Premiere Pro 2022软件，使用快捷键Ctrl+O打开路径文件夹中的"古风水墨动态字幕.prproj"项目文件。进入工作界面后，可以看到"时间轴"面板中已经添加完成的背景图像素材，如图8-73所示。在"节目"监视器面板中可以预览当前素材效果，如图8-74所示。

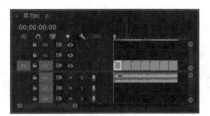

图8-73

图8-74

02 选择"文字工具"，在"节目"监视器面板上单击并分别输入"愿你得所偿"（每个字设置一个文字框方便后续排版），如图8-75所示。单击"选择工具"按钮，将文字竖版从左到右排列（用户可根据喜好设置排版形式，这里不具体规定），如图8-76所示。

图8-75

图8-76

03 在"基本图形"面板中设置外观参数，制作成字体效果，勾选"描边"复选框，使用"吸管工具" ☑ 吸取天空的颜色，勾选"阴影"复选框，设置"不透明度"的数值为90，"角度"的数值为131，"距离"的数值为7.9，"大小"的数值为24.4，"模糊"的数值为179，如图8-77所示。

图8-77

04 执行"基本图形→编辑→愿→样式→创建样式"命令，将该文字样式命名为"古风字幕"，如图8-78所示。

图8-78

05 选择文字"你"，执行"基本图形→编辑→你→样式→古风字幕"命令，分别将"得""所""偿"都选择"古风字幕"样式，如图8-79所示。

图8-79

06 框选左边三个文字，单击"水平对齐"按钮 ▣ 和"垂直均匀分布"按钮 ▤ ，进行文本对齐，右边由于是两个字，则只能使用"水平对齐"方式，如图8-80所示。也可以手动调整文字位置。

图8-80

07 在"时间轴"面板中，选择V2轨道上的"偿"字幕素材，右击，在弹出的快捷菜单中选择"速度/持续时间"选项，设置"持续时间"为00:00:03:00（3秒），如图8-81所示。

图8-81

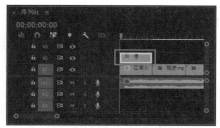

图8-81（续）

08 在"项目"面板中将"水墨.mp4"拖曳到"时间轴"面板V3轨道上,使用快捷键Ctrl+L取消链接,删除音频轨道,将播放滑块移动到00:00:03:00位置,使用"剃刀工具"切断"水墨.mp4"素材,并且删除后段素材,如图8-82所示。

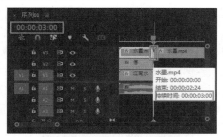

图8-82

09 在"效果控件"面板中将"缩放"数值设置为43,设置"位置"的X轴数值为262.3,Y轴数值为464.9,将"水墨.mp4"素材完全挡住"偿"字幕素材即可,如图8-83所示。

图8-83

10 在"效果"面板中添加"视频效果→键控"效果,选择"轨道遮罩键"特效并拖曳至"时间轴"面板中V2轨道的"偿"字幕素材上,如图8-84所示。

图8-84

11 在"效果控件"面板中展开"轨道遮罩键"参数,在"遮罩"下拉菜单中选择"视频3"选项,在"合成方式"下拉菜单中选择"亮度遮罩"选项,如图8-85所示。

图8-85

12 "轨道遮罩键"效果如图8-86所示。

图8-86

13 后续字幕同理操作，如图8-87所示。

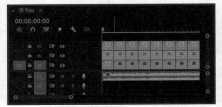

图8-87

14 古风水墨动态字幕效果如图8-88所示。

图8-88

图8-88（续）

8.6　本章小结

　　本章介绍了字幕的创建与应用，内容包括创建字幕素材的多种方法，以及"基本图形"面板中样式、文本、外观等区域的介绍。在各类电视节目和影视创作中，字幕是不可缺少的元素，其不仅可以快速传递作品信息，同时也能起到美化版面的作用，使传达的信息更加直观深刻。希望用户能熟练掌握字幕处理的各项技能，日后创作出更多优质的影视作品。

第9章

音频效果

一部完整的作品通常包括图像和声音，声音在影视作品中可以起到解释、烘托、渲染气氛和增加感染力、增强影片的表现力等作用。前面的章节讲解的都是影视作品中图像方面的效果处理，本章将介绍Premiere Pro 2022中音频效果的编辑与应用。

本章重点 ▶

- 调整音频的持续时间
- 音频效果的应用

- 使用"音频剪辑混合器"
- 音频过渡效果的应用

本章效果图欣赏

9.1 关于音频效果与基本调节

　　Premiere Pro 2022具有强大的音频编辑处理能力，通过"音频剪辑混合器"面板，如图9-1所示，可以很方便地编辑与控制声音。其具备的声道处理能力，以及实时录音功能、音频素材和音频轨道的分离处理功能，使得Premiere Pro 2022中的音效编辑工作更为轻松便捷。

图9-1

9.1.1 音频效果的处理方式

首先简要介绍一下Premiere Pro 2022对音频效果的处理方式。在"音频剪辑混合器"面板中可以看到音频轨道分为两个通道，即左（L）声道和右（R）声道，如果音频素材的声音使用的是单声道，就可以在Premiere Pro 2022中对其声道效果进行改变；如果音频素材使用的是双声道，则可以在两个声道之间实现音频特有的效果。另外，在声音的效果处理上，Premiere Pro 2022为用户提供了多种处理音频的特殊效果，这些特效跟视频特效一样，不同的特效能够产生不同的效果。与视频特效一样，可以很方便地将其添加到音频素材上，并能转化成帧，方便对其进行编辑与设置。

9.1.2 音频轨道

Premiere Pro 2022"时间轴"面板中有两种类型的轨道，即视频轨道和音频轨道，音频轨道位于视频轨道的下方，如图9-2所示。

图9-2

将带有音频的视频素材从"项目"面板拖入"时间轴"面板时，Premiere Pro 2022会自动将素材中的音频放到相应的音频轨道上，如果把视频剪辑放在V1视频轨道上，则剪辑中的音频会被自动放置在A1音频轨道上，如图9-3所示。

图9-3

在"时间轴"面板中处理素材时，用户可以使用"剃刀工具"来分割视频剪辑，操作时，与该剪辑链接在一起的音频素材会被同时分割，如图9-4所示。若不想视音频素材同时被分割，则可以选择视频剪辑素材，执行"剪辑→取消链接"命令；或者右击视频剪辑素材，在弹出的快捷菜单中选择"取消链接"选项，如图9-5所示，可以使剪辑中的视频跟音频断开链接。

图9-4

图9-5

9.1.3 调整音频持续时间

音频的持续时间指音频的入点和出点之间的素材持续时间，因此可以通过改变音频的入点或者出点位置来调整音频的持续时间。在"时间轴"面板中，使用"选择工具"直接拖动音频的边缘，以改变音频轨道上音频素材的长度，如图9-6所示。

图9-6

此外，用户还可以右击"时间轴"面板中的音频素材，在弹出的快捷菜单中选择"速度/持续时间"选项，如图9-7所示，在弹出的"剪辑速度/持续时间"对话框中调整音频的持续时间，如图9-8所示。

图9-7

图9-8

提示：在"剪辑速度/持续时间"对话框中，还可通过调整音频素材的"速度"参数来改变音频的持续时间，改变音频的播放速度后会影响音频的播放效果，音调会因速度的变化而改变。同时播放速度变化了，播放时间也会随着改变，需要注意的是这种改变与单纯改变音频素材的出、入点而改变持续时间是不同的。

9.1.4 音量的调整

在对音频素材进行编辑时，经常会遇到音频素材固有音量过高或者过低的情况，此时就需要对素材的音量进行调节来满足项目制作需求。调节素材

的音量有多种方法，下面简单介绍两种调节音频素材音量的操作方法。

1. 通过"音频剪辑混合器"来调节音量

在"时间轴"面板中选择音频素材，然后在"音频剪辑混合器"面板中拖动相应音频轨道的音量调节滑块，如图9-9所示，向上拖动滑块为增大音量，向下拖动滑块为减小音量。

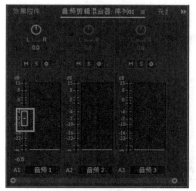

图9-9

提示：每个音频轨道都有一个对应的音量调节滑块，滑块下方的数值栏中显示了当前音量，用户也可以通过单击数值，在文本框中手动输入数值来改变音量。

2. 在"效果控件"面板中调节音量

在"时间轴"面板中选择音频素材，在"效果控件"面板中展开素材的"音频"效果属性，然后通过设置"级别"参数值来调节所选音频素材的音量大小，如图9-10所示。

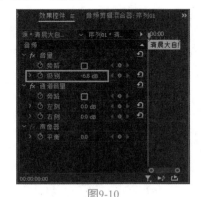

图9-10

在"效果控件"面板中，可以为所选择的音频素材参数设置关键帧来制作音频关键帧动画。单击一个音频参数右侧的"添加/移除关键帧"按钮，如图9-11所示，然后将播放指示器移动到下一时间点，调整音频参数值，Premiere Pro 2022会自动在该时间点添加一个关键帧，如图9-12所示。

图9-11

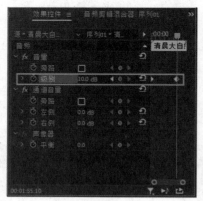

图9-12

9.1.5　实战——调整音频增益及速度

下面以实例的形式演示如何调整音频增益及其
速度。

01 启动Premiere Pro 2022软件，使用快捷键
Ctrl+O打开路径文件夹中的"调整音频增益.prproj"
项目文件。进入工作界面后，可以看到"时间轴"
面板中已经添加完成的素材，如图9-13所示。在"节
目"监视器面板中可以预览当前素材效果，如图9-14
所示。

02 右击"时间轴"面板中的"公路.mp4"素材，
在弹出的快捷菜单中选择"速度/持续时间"选项，
如图9-15所示。

图9-13

图9-14

图9-15

03 弹出"剪辑速度/持续时间"对话框，在其中修
改音频的"速度"为85%，如图9-16所示，完成后单
击"确定"按钮。

图9-16

> **提示：** 在"剪辑速度/持续时间"对话框中，还可
> 以设置"持续时间"参数来精确调整音频素材的
> 速率。

04 选择"公路.mp4"素材，执行"剪辑→音频选
项→音频增益"命令，如图9-17所示。

图9-17

05 弹出"音频增益"对话框，在其中设置"调整增益值"为5dB，如图9-18所示，完成后单击"确定"按钮。

图9-18

06 完成上述操作后，可在"节目"监视器面板中预览音频效果。

9.2 使用音频剪辑混合器

"音频剪辑混合器"面板可以实时混合"时间轴"面板各轨道中的音频素材。用户可以在该面板中选择相应的音频控制器进行调整，以调节其在"时间轴"面板中对应轨道中的音频素材，通过"音频剪辑混合器"可以很方便地把控音频的声道、音量等属性。

9.2.1 认识"音频剪辑混合器"面板

"音频剪辑混合器"面板由若干个轨道音频控制器、主音频控制器和播放控制器组成，如图9-19所示。其中轨道音频控制器主要是用于调节"时间轴"面板中与其对应轨道上的音频。轨道音频控制器的数量跟"时间轴"面板中音频轨道的数量一致，轨道音频控制器由控制按钮、声道调节滑轮和音量调节滑杆三部分组成。

图9-19

下面对面板中各按钮参数进行具体介绍如下。

1. 控制按钮

轨道音频控制器的控制按钮主要用于控制音频

调节器的状态，下面分别介绍各个按钮名称及其功能作用。

- M "静音轨道"按钮：主要用于设置轨道音频是否为静音状态，单击该按钮后变为绿色，表示该音轨处于静音状态；再次单击该按钮，取消静音状态。
- S "独奏轨道"按钮：单击该按钮，激活状态为黄色，此时其他普通音频轨道将会自动被设置为静音模式。
- ● "写关键帧"按钮：单击该按钮，激活状态为蓝色，可用于对音频素材进行关键帧设置。

2. 声道调节滑轮

声道调节滑轮如图9-20所示，主要是用来实现音频素材的声道切换。当音频素材为双声道音频时，可以使用声道调节滑轮来调节播放声道。在滑轮上方，按住鼠标左键向左拖动滑轮，则输出左声道的音量增大，向右拖动滑轮则输出右声道的音量增大。

图9-20

3. 音量调节滑杆

音量调节滑杆如图9-21所示，主要用于控制当前轨道音频素材的音量大小，按住左键向上拖动滑块增加音量，向下拖动滑块减小音量。

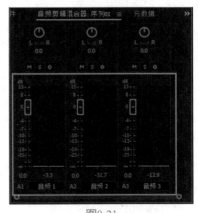

图9-21

9.2.2 实战——使用"音频剪辑混合器"调节音频

如果"时间轴"面板中的音频素材出现音量过高或过低的情况，用户可选择在"效果控件"面板中对音量进行调整，也可以选择在"音频剪辑混合器"中更为直观便捷地调控音频音量。

01 启动Premiere Pro 2022软件，使用快捷键Ctrl+O打开路径文件夹中的"音频.prproj"项目文件。进入工作界面后，可以看到"时间轴"面板中已经添加完成的两段音频素材，如图9-22所示。

图9-22

02 分别预览两段音频素材，会发现第一段音频素材的音量过低，而第二段音频素材的音量过高。

03 打开"音频剪辑混合器"面板，然后在"时间轴"面板中将时间线定位到A1轨道中的第一段音频素材范围内，此时在"音频剪辑混合器"面板中可以看到该段音频素材对应的音量调节滑块位于-40位置，如图9-23所示。

图9-23

04 将音量滑块向上拖动到0的位置，以此来提高素材音量，如图9-24所示，也可以选择在下方的数值框中直接输入数值0。

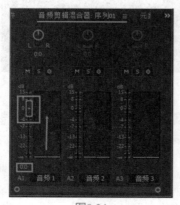

图9-24

05 在"时间轴"面板中将时间线定位到A2轨道中的第二段音频素材范围内，此时在"音频剪辑混合器"面板中可以看到该段音频素材对应的音量调节滑块位于0位置，如图9-25所示。

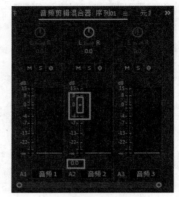

图9-25

06 将音量滑块向下拖动到-8的位置，以此来降低素材音量，如图9-26所示，也可以选择在下方的数值框中直接输入数值-8。

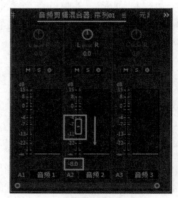

图9-26

07 完成上述操作后，可在"节目"监视器面板中预览音频效果。

9.3 音频效果

Premiere Pro 2022具有完善的音频编辑功能，在"效果"面板的"音频效果"栏中提供了大量的音频特殊效果，可以满足多种音频效果的编辑需求。下面简单介绍一些常用的音频效果。

9.3.1 多功能延迟效果

一般延迟效果可以使音频产生回音效果，而"多功能延迟"效果则可以产生4层回音，并能通过调节参数，控制每层回音发生的延迟时间与程度。

添加音频效果的方法与添加视频效果的方法一致。在"效果"面板中展开"音频效果"效果栏，将其中的"多功能延迟"效果拖曳添加到需要应用该效果的音频素材上，如图9-27所示。

图9-27

完成效果的添加后，在"效果控件"面板中可对其进行参数设置，如图9-28所示。

图9-28

"多功能延迟"效果参数介绍如下。

- 延迟1/2/3/4：用于指定原始音频与回声之间的时间量。
- 反馈1/2/3/4：用于指定延迟信号的叠加程度，以产生多重衰减回声的百分比。
- 级别1/2/3/4：用于设置每层的回声音量强度。
- 混合：用于控制延迟声音和原始音频的混合百分比。

9.3.2　带通效果

"带通"效果可以删除指定声音之外的范围或者波段的频率。在"效果"面板中展开"音频效果"效果栏，在其中选择"带通"效果，将其拖曳到需要应用该效果的音频素材上，并可在"效果控件"面板中对其进行参数调整，如图9-29所示。

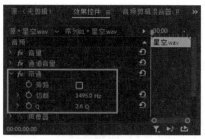

图9-29

"带通"效果参数介绍如下。

- 旁路：可以临时开启或关闭施加的音频特效，以便和原始声音进行对比。
- 切断：数值越小，音量越小，数值越大，音量越大。
- Q：用于设置波段频率的宽度。

9.3.3　低通/高通效果

"低通"效果用于删除高于指定频率界限的频率，从而使音频产生浑厚的低音效果；"高通"效果则用于删除低于指定频率界限的频率，使音频产生清脆的高音效果。

在"效果"面板中展开"音频效果"效果栏，在其中选择"低通"或"高通"效果，将效果添加到音频素材上，并可在"效果控件"面板中对效果进行参数调整，如图9-30所示。

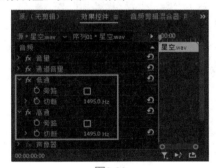

图9-30

9.3.4　低音/高音效果

"低音"效果用于提升音频波形中低频部分的音量，使音频产生低音增强效果；"高音"效果用于提升音频波形中高频部分的音量，使音频产生高音增强效果。

在"效果"面板中展开"音频效果"效果栏，将"低音"或"高音"效果添加到需要应用效果的音频素材上，并可在"效果控件"面板中对效果进行参数调整，如图9-31所示。

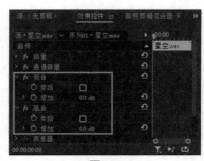

图9-31

> **提示：** "低音"和"高音"效果属性中都有一个参数选项，即"增加"，用于提升或降低低音或高音。

9.3.5 消除齿音效果

"消除齿音"效果可以用于对人物语音音频进行清晰化处理，可消除人物对着麦克风说话时产生的齿音。在"效果"面板中展开"音频效果"效果栏，选择"消除齿音"效果，将其添加到需要应用该效果的音频素材上，并可在"效果控件"面板中对其进行参数调整，如图9-32所示。在效果参数设置中，可以根据语音的类型和具体情况选择对应的预设处理方式，对指定的频率范围进行限制，以便能高效地完成音频内容的优化处理。

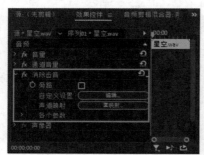

图9-32

> **提示：** 可以在同一个音频轨道上添加多个音频效果，并分别进行控制。

9.3.6 音量效果

"音量"效果指渲染音量可以使用音量效果的音量来代替原始素材的音量，该效果可以为素材建立一个类似于封套的效果，在其中设定一个音频标准。

在"效果"面板中展开"音频效果"效果栏，选择"音量"效果，将其添加到需要应用该效果的

音频素材上，并可在"效果控件"面板中对其进行参数调整，如图9-33所示。

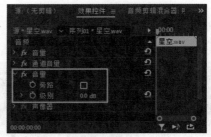

图9-33

> **提示：** 在"效果控件"面板中只包含一个"级别"参数，该参数用于设置音量的大小，正值为提高音量，负值为降低音量。

9.3.7 实战——音频效果的应用

下面以案例的形式演示添加音频效果的具体操作，以添加"延迟"效果为例，使"时间轴"面板中的音频素材产生余音绕梁的效果。

01 启动Premiere Pro 2022软件，使用快捷键Ctrl+O打开路径文件夹中的"音乐.prproj"项目文件。进入工作界面后，可以看到"时间轴"面板中已经添加完成的音频素材，如图9-34所示。

图9-34

02 在"效果"面板中展开"音频效果"选项栏，选择"延迟"效果，将其拖曳添加至"时间轴"面板中的音频素材中，如图9-35所示。

图9-35

03 选择音频素材，在"效果控件"面板中设置"延迟"效果属性中的"延迟"参数为1.7秒，"反馈"参数为30%，"混合"为70%，如图9-36所示。

图9-36

04 完成上述操作后，可在"节目"监视器面板中预览音频效果。

9.4　音频过渡效果

"音频过渡"效果，即通过在音频素材的首尾添加效果，使音频产生淡入淡出效果；或在两个相邻音频素材之间添加效果，使音频与音频之间的衔接变得柔和自然。

9.4.1　交叉淡化效果

在"效果"面板中展开"音频过渡"效果栏，在其中的"交叉淡化"文件夹中提供了"恒定功率""恒定增益"和"指数淡化"三种音频过渡效果，如图9-37所示。

图9-37

音频过渡效果的应用方法与添加视频过渡效果的方法相似，先将效果拖曳添加到音频素材的首尾或两个素材之间，如图9-38所示。

图9-38

接着，在"时间轴"面板中选择音频过渡效果，在"效果控件"面板中可以调整其持续时间、对齐方式等参数，如图9-39所示。

图9-39

9.4.2　实战——实现音频的淡入淡出

在进行剪辑项目的编辑处理时，若添加的音乐和音频的开始和结束太突然，会令其在整个剪辑中显得突兀，此时可以通过在音频首尾添加淡化效果来实现音频的淡入淡出，使剪辑项目的衔接更加自然。

01 启动Premiere Pro 2022软件，使用快捷键Ctrl+O打开路径文件夹中的"淡入淡出.prproj"项目文件。

02 进入工作界面后，将"项目"面板中的"公园.mp4"素材添加到"时间轴"面板中，如图9-40所示。

图9-40

03 右击"时间轴"面板中的"公园.mp4"素材，在弹出的快捷菜单中选择"取消链接"选项，如图9-41所示。

图9-41

04 解除视音频链接后，选中A1轨道中的音频，按Delete键将其删除。接着，将"项目"面板中的"清扬音乐.wav"素材添加到A1轨道上，如图9-42所示。

图9-42

05 在"时间轴"面板中，将时间线移动到"公园.mp4"素材的末尾处，然后使用"剃刀工具" 将"清扬音乐.wav"素材沿时间线所处位置进行切割，如图9-43所示。音频素材切割完成后，将时间线之后部分删除。

图9-43

06 在"效果"面板中展开"音频过渡"选项栏，选择"交叉淡化"文件夹中的"恒定增益"效果，将其添加至"清扬音乐.wav"素材的起始位置，如图9-44所示。

图9-44

07 在"时间轴"面板中单击"恒定增益"效果，进入"效果控件"面板，在其中设置"持续时间"为00:00:02:00，如图9-45所示。

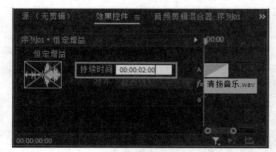

图9-45

08 将"恒定增益"效果添加至"清扬音乐.wav"素材的结尾位置，如图9-46所示。

图9-46

09 在"时间轴"面板中完成上述步骤后，进入"效果控件"面板，在其中设置"持续时间"为00:00:02:00，如图9-47所示。

图9-47

10 最终，在A1轨道上的音频素材中包含了两个音频过渡效果，一个位于开始处对音频进行淡入，另一个位于结束处对音频进行淡出，如图9-48所示。

图9-48

> 提示：除了可以使用音频过渡效果来实现音频素材的淡入淡出，还可以通过添加"音量"关键帧来实现。

9.5 综合实战——3D环绕声音效

3D环绕声效果会在左右两个声道中交替出现声音，呈现丰富的音频效果。本案例需要在"音频"效果中的"级别"属性添加关键帧，从而控制两个声道声音的大小。

01 启动Premiere Pro 2022软件，使用快捷键Ctrl+O打开路径文件夹中的"3D环绕声.prproj"项目文件。进入工作界面后，可以看到"时间轴"面板中已经添加完成的视音频素材，如图9-49所示。在"节目"监视器面板中可以预览当前素材效果，如图9-50所示。

图9-49

图9-50

02 使用快捷键Ctrl+L将视频和音频分离。按住快捷键Alt向下复制两层，如图9-51所示。单击A3轨道前的"轨道静音"按钮，使该轨道不发出声音，如图9-52所示。

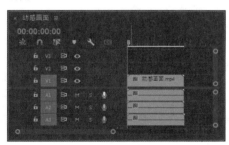

图9-51

图9-52

03 选中A1轨道上的素材，右击，在弹出的快捷菜单中选择"音频声道"选项，如图9-53所示，在弹出的"修改剪辑"对话框中取消勾选"右声道（R）"

复选框，只保留"左声道（L）"复选框，如图9-54所示。

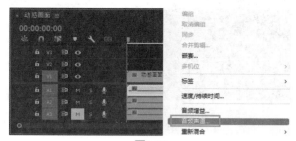

图9-53

图9-54

04 选中A2轨道上的素材，在"修改剪辑"对话框中取消勾选"左声道（L）"复选框，只保留"右声道（R）"复选框，如图9-55所示。

图9-55

05 选中A1轨道上的素材，在"效果控件"面板中根据音乐的节奏为"级别"参数添加关键帧，如图9-56和图9-57所示（用户可根据自己的喜好为音乐添加关键帧，这里不作具体规定）。

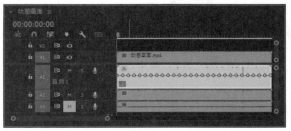

图9-56

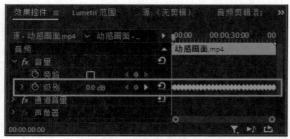

图9-57

06 全选上一步添加的关键帧，使用快捷键Ctrl+C选中A2轨道上的素材，使用快捷键Ctrl+V粘贴，如图9-58所示。

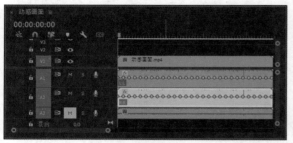

图9-58

07 将A1轨道上素材的关键帧从第1个开始并每间隔1个向下拉动，且要拉到最低，如图9-59所示，将A2轨道上素材的关键帧从第2个开始并每间隔1个向下拉动，且要拉到最低，如图9-60所示。

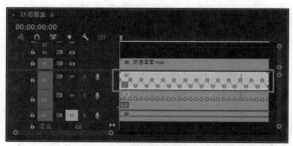

图9-59

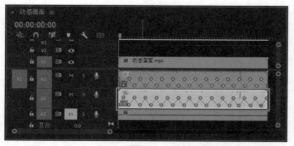

图9-60

08 按Space键播放音频，就可以听到声音在左右耳机间进行切换。单击A3轨道上的"静音轨道"按钮，取消轨道静音效果，如图9-61所示。这样就能避免声道转换时声音忽大忽小的问题。如果感觉声道切换不明显，可以适当降低A3轨道上音频的音量，如图9-62所示。

图9-61

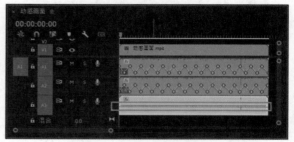

图9-62

9.6 本章小结

本章主要学习了如何在Premiere Pro 2022中为剪辑项目添加音频、对音频进行编辑和处理，以及音频效果、音频过渡效果的具体应用。

在Premiere Pro 2022中，通过为音频添加音效调整命令，或在"效果控件"面板、"音频剪辑混合器"面板中对音频参数进行调整，可获取想要的音频特殊效果。此外，在"音频效果"文件夹里提供了大量的音频效果，可以满足多种音频特效的编辑需求；在"音频过渡"文件夹里提供了恒定功率、恒定增益、指数淡化三种简单的音频过渡效果，应用这些效果可以使音频产生淡入淡出效果，或使音频之间的衔接变得柔和自然。

第 10 章

购物狂欢宣传片

电商宣传片，通常是指商家在淘宝、天猫和京东等电商平台上用来展示商品、宣传活动的视频。一般电商宣传视频的时长集中在10秒到1分钟这个范围，最长不超过10分钟，主要在互联网和手机上展示和传播。通过这类视频，可以在较短的时间内向消费群体传递产品相关信息，通过鲜活的画面颜色，以及轻快的氛围和引人注目的活动标题来提升消费者的购买欲。

本章将以实例的形式介绍购物狂欢宣传片的制作方法。下面将实例划分为6个部分来进行讲解，分别是"制作片头""制作场景1""制作场景2""制作片尾""添加背景音乐"和"输出视频"。

本章效果图欣赏

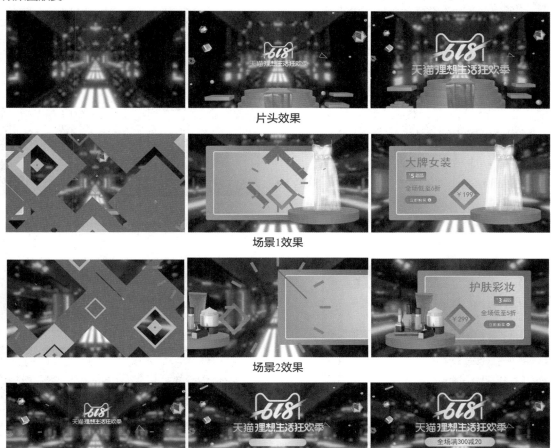

片头效果

场景1效果

场景2效果

片尾效果

10.1 制作片头

片头是一个完整影片不可或缺的一部分，一个优质的片头能在影片放映时，牢牢吸引观众的视线。下面详细讲解本例片头部分的制作，主要通过添加和重组素材，并添加流畅的动画效果来实现多个素材的融合展示。

10.1.1 新建项目并导入素材

01 启动Premiere Pro 2022软件，执行"文件→新建→项目"命令，或使用快捷键Ctrl+Alt+N，弹出"新建项目"对话框，在其中自定义项目的"名称"和"位置"，如图10-1所示，完成后单击"确定"按钮。

图10-1

02 进入工作界面，执行"文件→新建→序列"命令，或使用快捷键Ctrl+N，弹出"新建序列"对话框，在左侧的"可用预设"列表中选择HDV文件夹中的"HDV 720p25"预设，如图10-2所示，完成后单击"确定"按钮。

图10-2

03 完成序列的创建后，执行"文件→导入"命令，或使用快捷键Ctrl+I，弹出"导入"对话框，将路径文件夹中的所有文件选中，如图10-3所示，单击"打开"按钮，将所选文件导入Premiere Pro。

图10-3

10.1.2 制作开场片段

01 将"项目"面板中的"背景.mp4"素材拖入"时间轴"面板中的V1视频轨道上，如图10-4所示。

图10-4

> 提示：当素材拖入"时间轴"面板中时，若弹出"剪辑不匹配警告"对话框，一般建议单击"保持现有设置"按钮，如图10-5所示，以维持序列设置不作改变。若单击"更改序列设置"按钮，则序列将依据拖入的素材进行更改。

图10-5

02 选择"时间轴"面板中的"背景.mp4"素材，在"效果"面板中调整"缩放"参数为52，如图10-6所示。在"节目"监视器面板中可预览当前画面效果，如图10-7所示。

图10-6

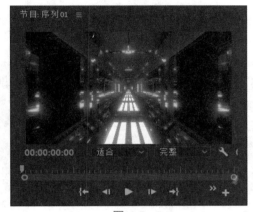

图10-7

提示：本书案例所提供的参数值仅供参考，部分参数所生成的效果可能存在差异，用户自己制作案例时，可根据实际情况灵活调配参数值。

03 在"效果"面板中搜索"高斯模糊"效果，将其拖曳添加至"时间轴"面板中的"背景.mp4"素材中，如图10-8所示。

图10-8

04 选择"背景.mp4"素材，在"效果控件"面板中调整"高斯模糊"属性中的"模糊度"为38，如图10-9所示。完成操作后，画面将产生模糊效果，如图10-10所示。

05 将"项目"面板中的"舞台.png"素材拖入"时间轴"面板中的V2视频轨道上，然后右击素材，在弹出的快捷菜单中选择"速度/持续时间"选项，弹出"剪辑速度/持续时间"对话框，调整"持续时间"为00:00:02:00（即2秒，之后该操作不作重复讲解），如图10-11所示，完成后单击"确定"

按钮。

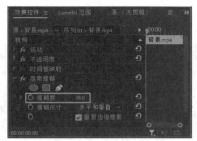

图10-9

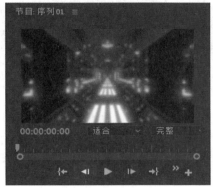

图10-10

图10-11

06 将当前时间设置为00:00:00:00，选择"时间轴"面板中的"舞台.png"素材，在"效果控件"面板中设置"缩放"参数为66，将对象调整到合适大小。接着，单击"位置"属性前的"切换动画"按钮，在当前时间点创建第1个关键帧，并将"位置"参数设置为666、918，如图10-12所示。

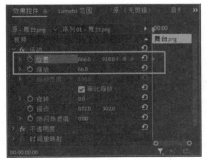

图10-12

183

07 将当前时间设置为00:00:00:14，然后修改"位置"参数为666、611，创建第2个关键帧，如图10-13所示。

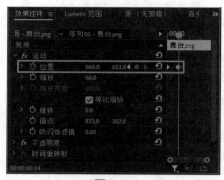

图10-13

08 为了让对象的位置动画效果更流畅，在"效果控件"面板中选中两个关键帧，右击，在弹出的快捷菜单中分别选择一次"临时插值→缓入"选项和"临时插值→缓出"选项，改变关键帧状态后，可单击"位置"参数前的▶按钮，对控制点进行调整，使运动曲线更加平滑，如图10-14所示。

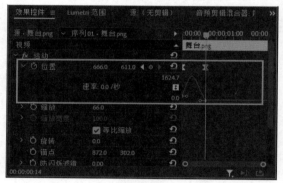

图10-14

> 提示：关于关键帧的具体应用可参考本书第6章内容。

09 将"项目"面板中的"1.png"素材拖入"时间轴"面板中的V3视频轨道上，并调整该素材的持续时间为2s。将当前时间设置为00:00:00:00，选择"1.png"素材，在"效果控件"面板中调整"位置"参数为65、262；单击"缩放"属性前的"切换动画"按钮▢，在当前时间点创建第1个关键帧，并将"缩放"参数设置为0，如图10-15所示。

10 将当前时间设置为00:00:00:11，然后修改"缩放"参数为74，创建第2个关键帧。选中两个关键帧，右击，在弹出的快捷菜单中分别选择一次"临时插值→缓入"选项和"临时插值→缓出"选项，在改变关键帧状态后，对参数的控制点进行调整，使运动

曲线更加平滑，如图10-16所示。

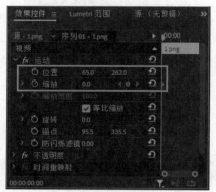

图10-15

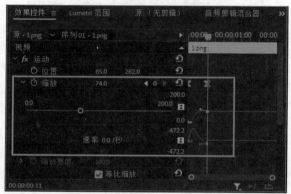

图10-16

11 在00:00:00:11时间点单击"旋转"属性前的"切换动画"按钮▢，在当前时间点创建第1个关键帧，并将"旋转"参数设置为0°；在00:00:00:17时间点，调整"旋转"参数为7°；在00:00:00:24时间点，调整"旋转"参数为0°；在00:00:01:06时间点，调整"旋转"参数为7°，完成4个关键帧的添加，如图10-17所示。

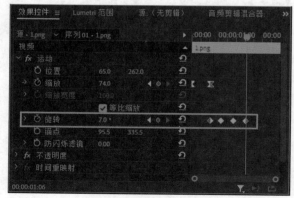

图10-17

12 选中上述操作中创建的4个"旋转"关键帧，右击，在弹出的快捷菜单中选择"贝塞尔曲线"选项，关键帧状态将发生改变，如图10-18所示。

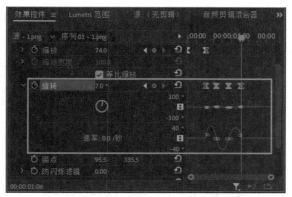

图10-18

13 用上述同样的方法，分别将"2.png"和"3.png"素材对象添加到"时间轴"面板的V4和V5轨道，并调整素材的持续时间为2s。然后在"效果控件"面板中，对素材的"位置""缩放"和"旋转"参数进行调整，并在相应时间点设置关键帧，这里的操作与"1.png"素材的操作相似，故不作重复讲解。"2.png"和"3.png"素材对应的关键帧添加效果如图10-19和图10-20所示。

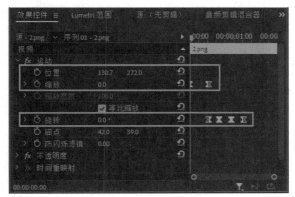

图10-19

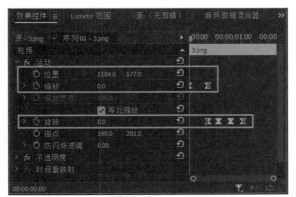

图10-20

14 将"项目"面板中的"618.png"素材拖入"时间轴"面板中的V6视频轨道上，并调整该素材的持续时间为2s。将当前时间设置为00:00:00:00，选择

"618.png"素材，在"效果控件"面板中调整"位置"参数为653、327；单击"缩放"属性前的"切换动画"按钮，在当前时间点创建第1个关键帧，并将"缩放"参数设置为0，如图10-21所示。

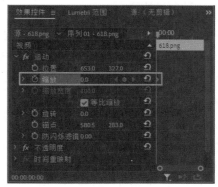

图10-21

15 将当前时间设置为00:00:00:16，然后修改"缩放"参数为65，创建第2个关键帧；将当前时间设置为00:00:00:24，修改"缩放"参数为60，创建第3个关键帧。选中创建的3个"缩放"关键帧，右击，在弹出的快捷菜单中选择"贝塞尔曲线"选项，关键帧状态将发生改变，如图10-22所示。

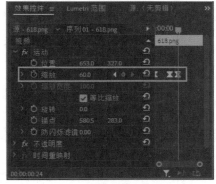

图10-22

16 完成开场制作后，在"时间轴"面板中的素材分布情况如图10-23所示。

图10-23

10.2　制作场景 1

　　下面讲解本例的第一个产品展示场景的制作。首先在"时间轴"面板中添加所需的基本素材，搭建场景雏形，然后再为素材添加动画效果来实现产品的动态展示。之后，再通过添加标题字幕，进一步丰富画面，同时很好地向观众传递活动及产品信息。

10.2.1　添加并调整素材

01　将"项目"面板中的"矩形背景.png"素材拖入"时间轴"面板中的V2视频轨道上，使其衔接在"舞台.png"素材的后方，并调整该素材的持续时间为00:00:05:23。选择"矩形背景.png"素材，在"效果控件"面板中设置对象的"位置"参数为556、374，"缩放"参数为129，如图10-24所示，确定对象在画面中的位置和大小。操作完成后，得到的画面效果如图10-25所示。

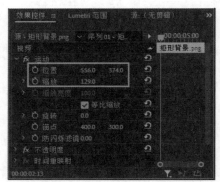

图10-24

图10-25

02　将"项目"面板中的"圆台.png"素材拖入"时间轴"面板中的V3视频轨道上，使其衔接在"1.png"素材的后方，并调整该素材的持续时间为00:00:05:23。选择

"圆台.png"素材，在"效果控件"面板中设置对象的"位置"参数为963、576，"缩放"参数为51，如图10-26所示。操作完成后，得到的画面效果如图10-27所示。

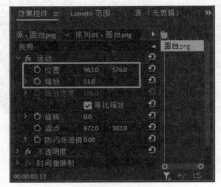

图10-26

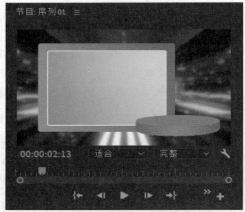

图10-27

03　将"项目"面板中的"连衣裙.png"素材拖入"时间轴"面板中的V4视频轨道上，使其衔接在"2.png"素材的后方，并调整该素材的持续时间为00:00:05:23。选择"衣服.png"素材，在"效果控件"面板中设置对象的"位置"参数为965、319，"缩放"参数为50，如图10-28所示。操作完成后，得到的画面效果如图10-29所示。

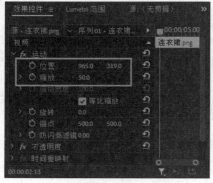

图10-28

图10-29

04 将"项目"面板中的"边框.png"素材拖入"时间轴"面板中的V5视频轨道上，使其衔接在"3.png"素材的后方，并调整该素材的持续时间为00:00:05:23。选择"边框.png"素材，在"效果控件"面板中设置对象的"位置"参数为684、438，"缩放"参数为48，如图10-30所示。操作完成后，得到的画面效果如图10-31所示。

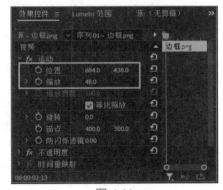

图10-30

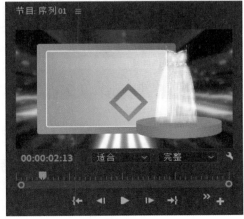

图10-31

10.2.2　制作动画效果

01 在"效果"面板中，搜索"推"效果，将其分别添加至"时间轴"面板中的"矩形背景.png""圆台.png""衣服.png"和"边框.png"素材的起始位置，如图10-32所示。

图10-32

> **提示：在上述操作中需要注意的是，添加的"推"效果不是添加在前后两个素材中间，而是需要添加在后方素材的起始处。不同的添加方式造成的效果是不同的，因此需要留意效果的添加方式。**

02 为了让画面效果更加丰富，需要对效果的进入方向进行调整。上述操作中添加的"推"效果，其默认进入方向是"自西向东"的，即从画面的左侧进入。在"时间轴"面板中选择"圆台.png"素材前方的"推"效果，在"效果控件"面板中，将效果的进入方式设置为"自东向西"，如图10-33所示，使对象从画面右侧进入。

图10-33

03 用上述同样的方法，将"衣服.png"和"边框.png"素材中效果的进入方式调整为"自东向西"。完成后得到的效果如图10-34所示。

图10-34

04 将当前时间设置为00:00:04:08，将"项目"面板中的"5元优惠券.png"素材拖入"时间轴"面板中的V6视频轨道上，放置在时间线后方，并调整该素材的持续时间为00:00:03:15。选择"5元优惠券.png"素材，在"效果控件"面板中设置对象的"位置"参数为322、311；单击"缩放"属性前的"切换动画"按钮 ⏱，在当前时间点创建第1个关键帧，并将"缩放"参数设置为0，如图10-35所示。

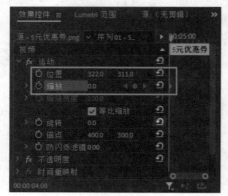

图10-35

05 将当前时间设置为00:00:04:20，然后修改"缩放"参数为36，创建第2个关键帧，如图10-36所示。

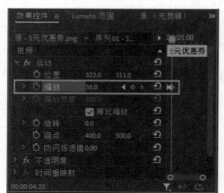

图10-36

06 将当前时间设置为00:00:05:19，将"项目"面板中的"按钮.png"素材拖入"时间轴"面板中的V7视频轨道上，放置在时间线后方，并调整该素材的持续时间为00:00:02:04。选择"按钮.png"素材，在"效果控件"面板中设置对象的"位置"参数为355、481；单击"缩放"属性前的"切换动画"按钮 ⏱，在当前时间点创建第1个关键帧，并将"缩放"参数设置为0，如图10-37所示。

07 将当前时间设置为00:00:06:07，然后修改"缩放"参数为100，创建第2个关键帧，如图10-38所示。

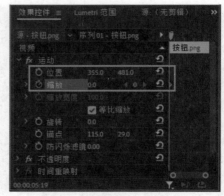

图10-37

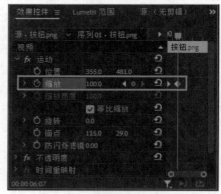

图10-38

10.2.3 添加标题字幕

01 将当前时间设置为00:00:03:07，执行"文件→新建→旧版标题"命令，弹出"新建字幕"对话框，保持默认设置，如图10-39所示。

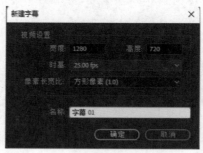

图10-39

02 弹出"字幕"面板，使用"文字工具" ⊤ 在工作区域内输入文字"大牌女装"，然后在右侧的"旧版标题属性"面板中设置字体、文字大小和颜色等参数，并将文字对象摆放在合适位置，如图10-40所示。

03 关闭"字幕"面板，回到Premiere Pro工作界面。将"项目"面板中的"字幕01"素材拖入"时间轴"面板中的V8视频轨道上，放置在时间线后方（此时时间线位于00:00:03:07位置），并调整该素材的持续时间为00:00:04:16。

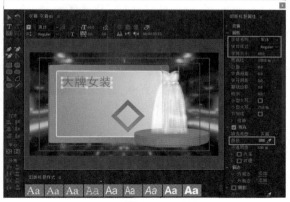

图10-40

04 在"效果"面板中，搜索"划出"效果，将其拖曳添加至"字幕01"素材的起始处，并在"效果控件"面板中调整"划出"效果的"持续时间"为00:00:01:20。完成操作后，"字幕01"素材及其播放效果如图10-41和图10-42所示。

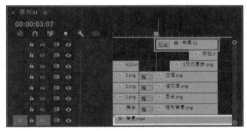

图10-41

图10-42

05 将当前时间设置为00:00:04:24，执行"文件→新建→旧版标题"命令，弹出"新建字幕"对话框，保持默认设置，创建"字幕02"素材。进入"字幕"面板，使用"文字工具" ▣ 在工作区域内输入文字"全场低至6折"，然后在右侧的"旧版标题属性"面板中设置字体、文字大小和颜色等参数，并将文字

对象摆放在合适位置，如图10-43所示。

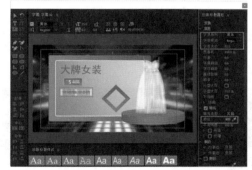

图10-43

06 关闭"字幕"面板，回到Premiere Pro工作界面。将"项目"面板中的"字幕02"素材拖入"时间轴"面板中的V9视频轨道上，放置在时间线后方（此时时间线位于00:00:04:24位置），并调整该素材的持续时间为00:00:02:24。

07 在"效果"面板中，搜索"划出"效果，将其拖曳添加至"字幕02"素材的起始处，并在"效果控件"面板中调整"划出"效果的"持续时间"为00:00:01:20。完成操作后，"字幕02"素材在时间轴面板中的排列效果如图10-44所示。

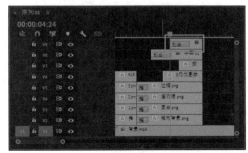

图10-44

08 将当前时间设置为00:00:04:08，执行"文件→新建→旧版标题"命令，弹出"新建字幕"对话框，保持默认设置，创建"字幕03"素材。进入"字幕"面板，使用"文字工具" ▣ 在工作区域内输入文字"¥168"，然后在右侧的"旧版标题属性"面板中设置字体、文字大小和颜色等参数，并将文字对象摆放在合适位置，如图10-45所示。

09 关闭"字幕"面板，回到Premiere Pro工作界面。将"项目"面板中的"字幕03"素材拖入"时间轴"面板中的V10视频轨道上，放置在时间线后方（此时时间线位于00:00:04:08位置），并调整该素材的持续时间为00:00:03:15。

10 在"时间轴"面板中选择"字幕03"素材，在"效果控件"面板中，单击"不透明度"属性前的"切换动画"按钮 ⃝，在当前的00:00:04:08时间点创建第1个关键帧，并将"不透明度"参数设置为0%；将当前时间设置为00:00:04:23，然后修改"不透明度"参数为100，创建第2个关键帧，如图10-46所示。

图10-45

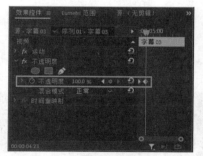

图10-46

11 将当前时间设置为00:00:04:08，将"项目"面板中的"转场.mov"素材拖入"时间轴"面板中的V11视频轨道上，放置在时间线后方，完成前后两个镜头的衔接过渡，效果如图10-47所示。

图10-47

图10-47（续）

10.3　制作场景2

下面讲解本例的第2个产品展示场景的制作。该场景与场景1的制作方法基本相同，不同的是展示的产品及方位等有些许出入。若要节省工作时间，可采取复制场景1素材的方法来制作该场景，但需要注意的是，在制作过程中要灵活调整素材的摆放位置、产品信息及关键帧等。在制作过程中可以多预览、多修改，以达到流畅、正确的视频效果。

10.3.1　添加并调整素材

01 将当前时间设置为00:00:08:10，将"项目"面板中的"矩形背景.png"素材拖入"时间轴"面板中的V2视频轨道上，放置在时间线后方，并调整该素材的持续时间为00:00:05:23；将"圆台.png"素材拖入"时间轴"面板中的V3视频轨道上，放置在时间线后方，并调整该素材的持续时间为00:00:05:23。

02 在"效果"面板中，搜索"推"效果，将其分别添加至上述步骤中的"矩形背景.png"和"圆台.png"素材的起始位置，如图10-48所示。

图10-48

03 选择"矩形背景.png"素材，在"效果控件"面板中设置对象的"位置"参数为762、374，"缩放"参数为129，如图10-49所示。

04 选择"圆台.png"素材，在"效果控件"面板中设置对象的"位置"参数为354、576，"缩放"参数为51，如图10-50所示。

图10-49

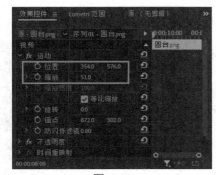

图10-50

05 采用同样的方法，继续将"项目"面板中的"彩妆.png"素材拖入V4轨道；将"边框.png"素材拖入V5轨道，并统一调整素材的持续时间为00:00:05:23，如图10-51所示。

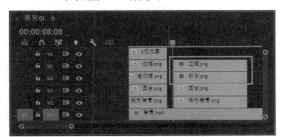

图10-51

06 选择"彩妆.png"素材，在"效果控件"面板中设置对象的"位置"参数为338、425，"缩放"参数为20，如图10-52所示。

图10-52

07 选择"边框.png"素材，在"效果控件"面板中设置对象的"位置"参数为658、438，"缩放"参数为48，如图10-53所示。

图10-53

08 上述操作完成后，得到的画面效果如图10-54所示。

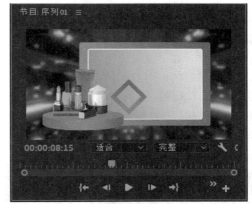

图10-54

10.3.2　制作动画效果

01 在"效果"面板中，搜索"推"效果，将其分别添加至"时间轴"面板中的"矩形背景.png""圆台.png""彩妆.png"和"边框.png"素材的起始位置，如图10-55所示。

图10-55

02 在"时间轴"面板中选择"矩形背景.png"素材前方的"推"效果，在"效果控件"面板中，将效果的进入方式设置为"自东向西"，如图10-56所示，使对象从画面右侧进入。其他素材前方的效果进入方式保持默认不作调整。

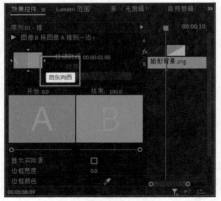

图10-56

03 将当前时间设置为00:00:10:06，将"项目"面板中的"3元优惠券.png"素材拖入"时间轴"面板中的V6视频轨道上，放置在时间线后方，并调整该素材的持续时间为00:00:04:02。选择"3元优惠券.png"素材，在"效果控件"面板中设置对象的"位置"参数为956、311；单击"缩放"属性前的"切换动画"按钮 ，在当前时间点创建第1个关键帧，并将"缩放"参数设置为0；将当前时间设置为00:00:10:18，然后修改"缩放"参数为36，创建第2个关键帧，如图10-57所示。

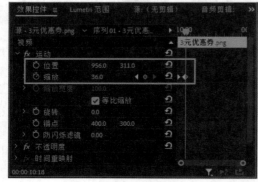

图10-57

04 将当前时间设置为00:00:11:12，将"项目"面板中的"按钮.png"素材拖入"时间轴"面板中的V7视频轨道上，放置在时间线后方，并调整该素材的持续时间为00:00:02:21。选择"按钮.png"素材，在"效果控件"面板中设置对象的"位置"参数为926、481；单击"缩放"属性前的"切换动画"按钮 ，在当前时间点创建第1个关键帧，并将"缩放"参数设置为0；将当前时间设置为00:00:12:00，然后修改"缩放"参数为100，创建第2个关键帧，如图10-58所示。

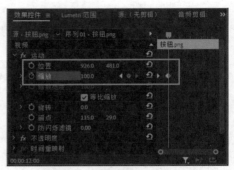

图10-58

05 完成上述操作后，在"节目"监视器面板中预览当前画面效果，如图10-59所示。

图10-59

10.3.3 添加标题字幕

01 在"项目"面板中，右击"字幕01"素材，在弹出的快捷菜单中选择"复制"选项，通过该操作得到"字幕01复制01"素材，如图10-60所示。

图10-60

02 将当前时间设置为00:00:08:15，将"项目"面板中的"字幕01复制01"素材拖入"时间轴"面板中的V8视频轨道上，放置在时间线后方，并调整该素材的持续时间为00:00:05:18。此时该字幕素材与"字幕01"素材效果一致，但不适合当前画面，因此需要对部分属性进行修改。

03 双击"时间轴"面板中的"字幕01复制01"素材，打开"字幕"面板，在其中修改文字内容为"护肤彩妆"，并将其调整至合适位置以适配当前画面，如图10-61所示。

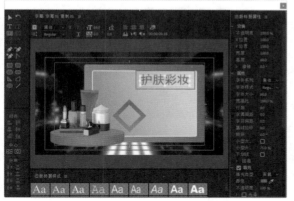

图10-61

> **提示：** 在上述操作中，复制的字幕字体、大小等参数不需要修改，只需改变文字内容和摆放位置。由于文字只作平行方向的位置调整，因此可在"旧版标题属性"面板中调整"X位置"参数，这样比手动拖动调整位置更为精确。

04 关闭"字幕"面板，回到Premiere Pro工作界面。在"效果"面板中，搜索"划出"效果，将其拖曳添加至"字幕01复制01"素材的起始处，并在"效果控件"面板中调整"划出"效果的"持续时间"为00:00:01:20。

05 同样的方法，在"项目"面板中，右击"字幕02"素材，在弹出的快捷菜单中选择"复制"选项，通过该操作得到"字幕02复制01"素材，如图10-62所示。

图10-62

06 将当前时间设置为00:00:09:22，将"项目"面板中的"字幕02复制01"素材拖入"时间轴"面板中的V9视频轨道上，放置在时间线后方，并调整该素材的持续时间为00:00:04:11。接着，双击

"时间轴"面板中的"字幕02复制01"素材，打开"字幕"面板，在其中修改文字内容为"全场低至5折"，并将其调整至合适位置以适配当前画面，如图10-63所示。

图10-63

07 关闭"字幕"面板，回到Premiere Pro工作界面。在"效果"面板中，搜索"划出"效果，将其拖曳添加至"字幕02复制01"素材的起始处，并在"效果控件"面板中调整"划出"效果的"持续时间"为00:00:01:20。

08 在"项目"面板中，右击"字幕03"素材，在弹出的快捷菜单中选择"复制"选项，通过该操作得到"字幕03复制01"素材，如图10-64所示。

图10-64

09 将当前时间设置为00:00:10:05，将"项目"面板中的"字幕03复制01"素材拖入"时间轴"面板中的V10视频轨道上，放置在时间线后方，并调整该素材的持续时间为00:00:04:03。接着，双击"时间轴"面板中的"字幕03复制01"素材，打开"字幕"面板，在其中修改文字内容为"¥299"，并将其调整至合适位置以适配当前画面，如图10-65所示。

10 关闭"字幕"面板，回到Premiere Pro工作界面。在"时间轴"面板中选择"字幕03复制01"素材，进入"效果控件"面板，在00:00:10:05时间点，单击"不透明度"属性前的"切换动画"按钮，在当前时间点创建第1个关键帧，并将"不透明度"参数设置为0；将当前时间设置为00:00:10:20，然后修改"不透明度"参数为100，创建第2个关键帧，如图10-66所示。

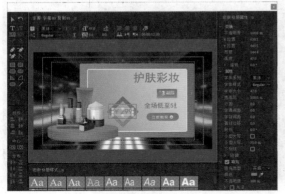

图10-65

图10-66

11 将当前时间设置为00:00:07:01，将"项目"面板中的"转场.mov"素材拖入"时间轴"面板中的V11视频轨道上，放置在时间线后方，完成前后两个镜头的衔接过渡，效果如图10-67所示。

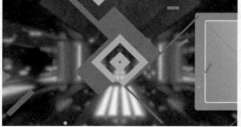

图10-67

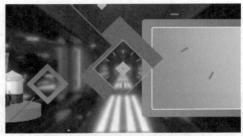

图10-67（续）

10.4　制作片尾

在完成前面几个场景的制作后，接下来制作片尾部分。本例所制作的片尾部分需要与片头部分相互呼应，因此素材的选用及动画展示效果基本相同。

10.4.1　添加并调整素材

01 将当前时间设置为00:00:15:12，然后在"时间轴"面板中，同时选中起始处的"舞台.png""1.png""2.png""3.png"和"618.png"素材，按住Alt键将这些素材拖动复制到时间线后方（下面讲解的素材均为时间线后的素材），如图10-68所示。

图10-68

提示：需要同时选中多个素材，可在按住Shift的同时单击素材进行加选。

02 选择"舞台.png"素材，调整该素材的持续时间为00:00:04:13。然后选中其上方的"1.png""2.png""3.png"和"618.png"素材，将光标移至素材后方，统一向后拖动，使选中的素材尾部与"舞台.png"素材对齐，如图10-69所示。

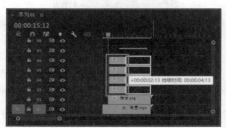

图10-69

10.4.2　调整关键帧

01　由于是复制所得的素材，因此素材已经具备了关键帧运动属性，这里不需要重复设置，只需要在已有关键帧的基础上进行适当调整即可。选择"1.png"素材，在"效果控件"面板中选择"旋转"参数中的4个关键帧，使用快捷键Ctrl+C进行复制，如图10-70所示。

图10-70

02　将时间线拖动到00:00:16:24时间点，使用快捷键Ctrl+V粘贴关键帧，如图10-71所示。

图10-71

03　继续向后粘贴关键帧，直到素材结束位置，如图10-72所示，使对象产生连续旋转运动。

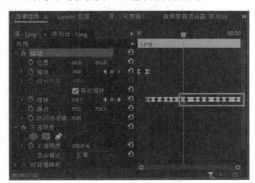

图10-72

04　选择"2.png"素材，在"效果控件"面板中，使用上述同样的方法，对"旋转"参数中的关键帧进行复制和粘贴操作，直到素材结束位置，如图10-73所示。

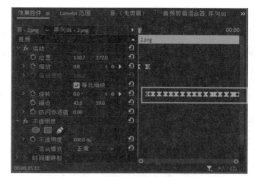

图10-73

05　继续对"3.png"素材进行相同操作，如图10-74所示。

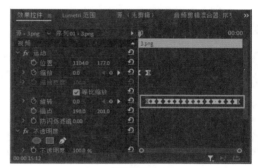

图10-74

06　选择"618.png"素材，在"效果控件"面板中，修改"位置"参数为653、230，如图10-75所示，对该素材的位置进行适当调整。

图10-75

07　将当前时间设置为00:00:16:05，将"项目"面板中的"圆角矩形.png"素材拖入"时间轴"面板中的V7视频轨道上，放置在时间线后方，并调整该素材的持续时间为00:00:03:20。

08　选择"圆角矩形.png"素材，在"效果控件"面板中设置"位置"参数为644、449，将对象调整到合适大小。接着，单击"缩放"属性前的"切换动画"按钮，在当前时间点（00:00:16:05）创建第1

个关键帧，并将"缩放"参数设置为0；将当前时间设置为00:00:16:16，然后修改"缩放"参数为65，创建第2个关键帧。选中两个关键帧，右击，在弹出的快捷菜单中分别选择一次"缓入"选项和"缓出"选项，改变关键帧状态，如图10-76所示。

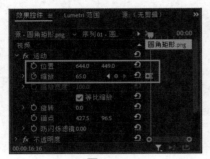

图10-76

10.4.3　添加标题字幕

01 将当前时间设置为00:00:16:17，执行"文件→新建→旧版标题"命令，弹出"新建字幕"对话框，保持默认设置，创建"字幕04"素材。进入"字幕"面板，使用"文字工具" T 在工作区域内输入文字"全场满300减20"，然后在右侧的"旧版标题属性"面板中设置字体、文字大小和颜色等参数，并将文字对象摆放在合适位置，如图10-77所示。

图10-77

02 关闭"字幕"面板，回到Premiere Pro工作界面。将"项目"面板中的"字幕04"素材拖入"时间轴"面板中的V8视频轨道上，放置在时间线后方（此时时间线位于00:00:16:17位置），并调整该素材的持续时间为00:00:03:08。

03 在"效果"面板中，搜索"划出"效果，将其拖曳添加至"字幕04"素材的起始处，如图10-78所示。

04 将当前时间设置为00:00:13:10，将"项目"

面板中的"转场.mov"素材拖入"时间轴"面板中的V12视频轨道上，放置在时间线后方，如图10-79所示。

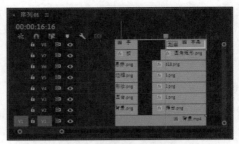

图10-78

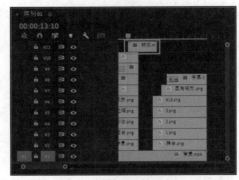

图10-79

10.5　添加背景音乐

完成上述操作后，剪辑项目基本已完成，接下来还需要为视频添加一段合适的背景音乐。兼顾视听体验的影片更能体现剪辑项目的完整性，也更能打动观众。

01 将"项目"面板中的"背景音乐.mp3"素材拖入"源"监视器面板，如图10-80所示。

图10-80

02 在"源"监视器面板中，设置当前时间为00:00:00:16，单击面板底部的"标记入点"按钮，如图10-81所示。

图10-81

03 设置当前时间为00:00:20:16，单击面板底部的"标记出点"按钮，如图10-82所示。

图10-82

04 完成音频的范围选取后，长按面板中的"仅拖动音频"按钮，将音频素材拖入"时间轴"面板的A1轨道中，如图10-83所示。

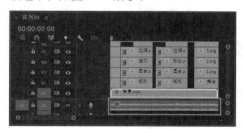

图10-83

05 在"效果"面板中，搜索"恒定增益"效果，将其拖曳添加至"背景音乐.mp3"素材的起始处；搜索"指数淡化"效果，将其拖曳添加至"背景音乐.mp3"素材的结尾处。此时，"时间轴"面板中素材的分布效果如图10-84所示。

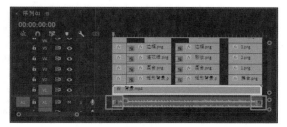

图10-84

10.6　输出视频

完成所有素材的编辑处理后，可在"节目"监视器面板中预览视频效果。如果对影片效果满意，可以使用快捷键Ctrl+S将项目进行保存，然后将剪辑进行导出，输出为所需格式，便于分享和随时观赏。

01 执行"文件→导出→媒体"命令，或使用快捷键Ctrl+M打开"导出设置"对话框，在"格式"下拉列表中选择"H.264"选项，如图10-85所示。

图10-85

02 展开"预设"下拉列表，选择"Mobile Device 720p HD"选项，如图10-86所示。

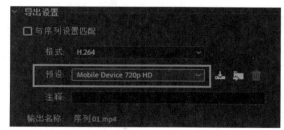

图10-86

03 单击"输出名称"右侧文字，在弹出的"另存为"对话框中为输出文件设定名称及存储路径，如图10-87所示，完成后单击"保存"按钮。

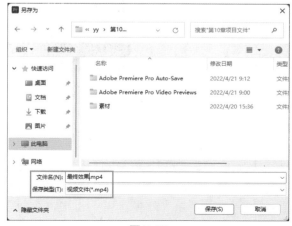

图10-87

04 在"导出设置"对话框中还可以在其他选项中进行更详细的设置，设置完成后单击界面右下角的"导出"按钮，影片开始导出，如图10-88所示。

图10-88

05 导出完成后可在设定的计算机存储文件夹中找到输出的MP4格式视频文件，并预览案例的最终完成效果，如图10-89所示。

图10-89

第 11 章

汽车混剪展示视频

本章将以实例的形式讲解一款汽车混剪展示视频的制作方法，这款视频时尚动感，主要通过画面的快慢节奏变化，配合律动的音乐来吸引观众。在确定这类型案例的制作思路前，不妨先找到一曲合适的背景音乐，然后根据音乐的节奏和韵律来编排场景。在制作过程中，可以在Premiere Pro中提前标记音乐节奏点，以此来确定视频关键帧的添加位置，这样可以使画面和音乐的融合度更高。

下面将实例拆分为6个部分进行讲解，分别是"导入整理素材""制作背景音乐""制作开场片段""制作混剪主体视频""制作片尾"和"输出视频"。

本章效果图欣赏

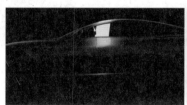

汽车特写效果

片头字幕效果

片段效果1

片段效果2

片段效果3

11.1　导入整理素材

本例为汽车混剪视频，将会使用到许多素材，可以提前将素材创建文件夹进行分类，也可以都导入Premiere Pro中，创建素材箱进行分类，这样在后期的剪辑过程中，会节省大部分查找素材的时间。

11.1.1　新建项目并导入素材

01 启动Premiere Pro 2022软件，执行"文件→新建→项目"命令，或使用快捷键Ctrl+Alt+N，弹出"新建项目"对话框，在其中自定义项目的"名称"和"位置"，如图11-1所示，完成后单击"确定"按钮。

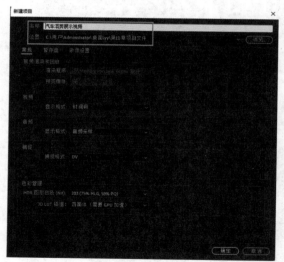

图11-1

02 进入工作界面，执行"文件→新建→序列"命令，或使用快捷键Ctrl+N，弹出"新建序列"对话框，在左侧的"可用预设"列表中选择"HDV"文件夹中的"HDV 720p25"预设，如图11-2所示，完成后单击"确定"按钮。

03 完成序列的创建后，执行"文件→导入"命令，或使用快捷键Ctrl+I，弹出"导入"对话框，将路径文件夹中的所有文件选中，如图11-3所示，单击

"打开"按钮，将所选文件导入Premiere Pro。

图11-2

图11-3

11.1.2　创建素材箱并分类素材

01 由于素材过多，后期查找剪辑时比较麻烦，所以根据背景音乐片段，创建素材箱，在"项目"面板单击右下角的"创建新素材箱"按钮▣，可将素材箱命名进行分类，如图11-4所示。

02 根据背景音乐节奏创建6个素材箱，根据每个片段需要的素材，将视频素材进行分类拖曳到相对应的

素材箱中，便于后期剪辑，如图11-5所示（用户也可根据自己的喜好设置片段范围）。

图11-4

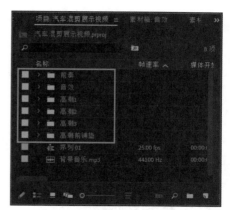

图11-5

03 根据背景音乐旋律节奏设置片段范围命名素材箱，范围和素材详细表格如表 11-1所示。

表 11-1

素材箱名称	起点	终点	素材
前奏	00:00:00:00	00:00:14:05	"雪山行驶 .mp4""高原公路 .mp4""绿公路 .mp4""青藏高原 .mp4""光影车 .mp4""赛道 .psd""格子旗帜 .mp4""车前灯 .mp4"
高潮前铺垫	00:00:14:06	00:00:22:01	"汽车启动键 .mp4""猛踩油门 .mp4""手握方向盘 .mp4""车速仪表盘 .mp4""车轮第一视角 .mp4""倒计时 .mp4"
高潮 1	00:00:22:02	00:00:34:02	"漂移 .mp4""雪天公路 .mp4""雪地（1）.mp4""雪山脚下 .mp4""雪地飞驰 .mp4""方向盘 .mp4""车轮 .mp4""雪地越野 .mp4""模拟飞车 .mp4""未来派高街 .mp4"
高潮 2	00:00:34:03	00:00:42:11	"航拍公路 .mp4""经过 .mp4""德国乡间 .mp4""汽车仪表盘 .mp4""后视镜 .mp4""开车空镜 .mp4"
高潮 3	00:00:42:12	00:00:56:19	"盘山 .mp4""沙漠越野 .mp4""驶出镜头 .mp4""夜间行驶车辆 .mp4""仪表盘 .mp4""车轨光线 .mp4""夜间行驶（1）.mp4""车辆隧道 .mp4""行驶中仪表盘 .mp4""蓝色隧道 .mp4""隧道 .mp4""窗外 .mp4""日落 .mp4""光影车 .mp4""建模 .mp4"
音效			"跑车快起步中速长行 .wav""漂移 .wav""快速 .wav""汽车远来行驶过 .wav""过隧道 .wav"

11.2 添加背景音乐

提前为视频添加一段合适的背景音乐，可以跟着音乐节奏来剪辑视频节奏，这样兼顾视听体验的影片更能体现剪辑项目的完整性，也更能打动观众。

01 将"项目"面板中的"背景音乐.mp3"素材拖入"源"监视器面板，如图11-6所示。

02 在"源"监视器面板中，设置当前时间为00:00:00:00，单击面板底部的"标记入点"按钮，如图11-7所示。

图11-6

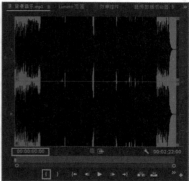

图11-7

03 设置当前时间为00:00:56:18，单击面板底部的"标记出点"按钮，如图11-8所示。

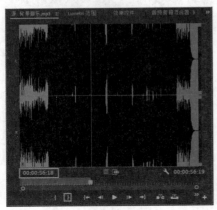

图11-8

04 完成音频的范围选取后，长按面板中的"仅拖动音频"按钮，将音频素材拖入"时间轴"面板的A1轨道中，如图11-9所示。

图11-9

05 在"节目"监视器面板中单击"添加标记"按钮，即可添加标记，如图11-10所示，也可在"时间轴"面板选中"背景音乐.mp3"后按快捷键M，即可在音频素材上添加标记，还可以单击"时间轴"面板按住快捷键M，在上方添加标记，如图11-11所示（用户可根据自己的喜好按照音乐鼓点或者歌词添加标记，这里不作具体规定）。

提示：在"音频"上使用快捷键添加标记时，应切换英文输入，才可添加标记。

图11-10

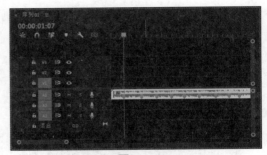

图11-11

11.3 制作开场片段

本例的开场片段主要由视频元素组成。在"时间轴"面板添加所需视频及字幕素材后，根据背景音乐卡点调整视频快慢以及时长，素材与音乐更好地结合能呈现更好的视觉与听觉效果。

11.3.1 添加空镜头素材

01 将"项目"面板中的"雪山行驶.mp4"素材拖入"源"监视器面板，如图11-12所示。

图11-12

02 在"源"监视器面板中，设置当前时间为00:00:00:00，单击面板底部的"标记入点"按钮，如图11-13所示。

图11-13

03 设置当前时间为00:00:01:01，单击面板底部的"标记出点"按钮▮，如图11-14所示。

图11-14

04 完成视频的范围选取后，长按面板中的"仅拖动视频"按钮▮，将视频素材拖入"时间轴"面板的V1轨道中，如图11-15所示。

05 用上述同样的方法，分别将"高原公路.mp4""绿公路.mp4""青藏高原.mp4"4个空镜头素材添加到"时间轴"面板V1轨道上，使其依次

在"雪山行驶.mp4"素材的后方，如图11-16所示。

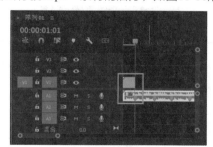

图11-15

图11-16

06 素材详细分布表格如表 11-2所示。

表 11-2

素材名称	入点位置	出点位置	时间轴面板位置 （放置在时间线后方）	持续时间
高原公路 .mp4	00:00:00:00	00:00:01:18	00:00:01:02	00:00:01:18
绿公路 .mp4	00:00:05:17	00:00:07:04	00:00:02:20	00:00:01:12
青藏高原 .mp4	00:00:00:00	00:00:01:15	00:00:04:07	00:00:01:15

11.3.2　添加汽车特写镜头

01 将"项目"面板中的"光影车.mp4"素材拖入"源"监视器面板，同样使用添加入点与出点设置，"光影车.mp4"素材有多个汽车特写镜头，可以选取多个片段使用，在 00:00:00:06设置入点，在00:00:02:10位置设置出点，如图11-17所示，完成视频的范围选取后，长按面板中的"仅拖动视频"按钮▮，将视频素材拖入"时间轴"面板的V1轨道"青藏高原.mp4"素材的后方，如图11-18所示。

02 右击"光影车.mp4"素材，在弹出的快捷菜单中选择"速度/持续时间"选项，在弹出的"剪辑速度/持续时间"对话框中调整"持续时间"为00:00:01:06（即为1秒6帧，之后该操作不作重复讲解），如图11-19所示，完成后单击"确定"按钮。

图11-17

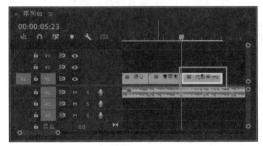

图11-18

图11-19

03 用上述同样的方法，在"源"监视器面板再截取三个片段，并添加到"时间轴"面板V1轨道"光

影车.mp4"素材的后方，如图11-20所示（片段时长以及持续时间根据标记进行调整）。

图11-20

04 素材详细分布表格如表 11-3所示。

表 11-3

素材名称	入点位置	出点位置	时间轴面板位置 （放置在时间线后方）	持续时间
光影车 .mp4	00:00:01:12	00:00:02:23	00:00:07:03	00:00:01:11
光影车 .mp4	00:00:03:02	00:00:04:19	00:00:08:14	00:00:01:16
光影车 .mp4	00:00:04:07	00:00:05:17	00:00:10:05	00:00:01:10

11.3.3　制作抠像转场

01 将"项目"面板中的"赛道.psd"素材拖入"时间轴"面板中的V1视频轨道上，并调整该素材的持续时间为1秒，在"效果控件"面板中设置"缩放"数值为39，如图11-21所示。

图11-21

02 将"项目"面板中的"格子旗帜.mp4"素材拖入"时间轴"面板中的V2视频轨道上，与"赛道.psd"素材的起始点对齐，并调整该素材的持续时间为00:00:01:11，在"效果"面板中搜索"颜色键"效果，将其添加至"时间轴"面板中的"格子旗帜.mp4"素材中，如图11-22所示。

03 在"效果控件"面板中单击"主要颜色"参数

中的"吸管工具" ✏ 按钮，吸取"格子旗帜.mp4"素材中的绿色部分，并设置"颜色容差"的数值为100，"边缘细化"的数值为2，直至旗帜边缘清晰即可，如图11-23所示。

图11-22

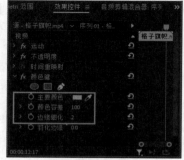

图11-23

04 将当前时间设置为00:00:12:13，将"项目"面板中的"车前灯.mp4"素材拖入"时间轴"面板中的V1视频轨道上，放置在时间线后方，并调整该素材的持续时间为00:00:01:15，如图11-24所示。

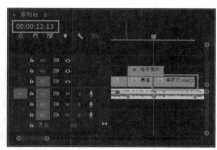

图11-24

05 使用"颜色键"效果对"格子旗帜.mp4"素材进行抠像处理，利用旗子挥动的画面完成转场过渡的效果，效果如图11-25所示。

图11-25

11.3.4 添加片头字幕

01 将当前时间设置为00:00:12:18，执行"文件→新建→旧版标题"命令，弹出"新建字幕"对话框，保持默认设置，如图11-26所示。

02 弹出"字幕"面板，使用"文字工具" **T** 在工作区域内输入文字"Speed"，然后在右侧的"旧版标题属性"面板中设置字体、文字大小和颜色等参数，并将文字对象摆放在合适位置，如图11-27所示。

图11-26

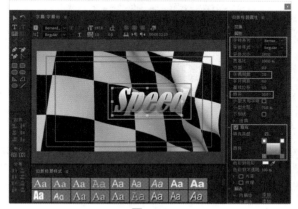

图11-27

03 关闭"字幕"面板，回到Premiere Pro工作界面。将"项目"面板中的"字幕01"素材拖入"时间轴"面板中的V3视频轨道上，放置在时间线后方（此时时间线位于00:00:12:15位置），并调整该素材的持续时间为00:00:01:16，如图11-28所示。

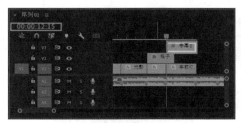

图11-28

04 在"效果"面板中，搜索"裁剪"效果，将其拖曳添加至"字幕01"素材中，并在"效果控件"面板中展开"裁剪"参数，单击"顶部"属性前的"切换动画"按钮 ，在当前时间点创建第1个关键帧，并设置"顶部"参数为68，将当前时间设置为00:00:13:07，然后修改"顶部"参数为0，创建第2个关键帧，如图11-29所示。

05 为了让对象的位置动画效果更流畅，在"效果控件"面板中选中两个关键帧，右击，在弹出的快捷菜单中分别选择一次"临时插值→缓入"选项和"临时插值→缓出"选项，改变关键帧状态后，可单击

"位置"参数前的 按钮,对控制点进行调整,使运动曲线更加平滑,如图11-30所示。

图11-29

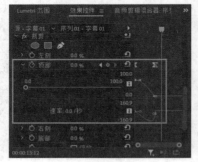

图11-30

11.4 制作混剪主体视频

本例素材过多,详细讲解一个素材的设置后,其他素材的设置将以表格形式呈现。

11.4.1 添加视频素材

01 在"项目"面板中"高潮前铺垫"的素材箱中选择"汽车启动键.mp4"素材,拖入"源"监视器面板,如图11-31所示。

图11-31

02 在"源"监视器面板中,设置当前时间为00:00:00:15,单击面板底部的"标记入点"按钮 ,如图11-32所示。

图11-32

03 设置当前时间为00:00:01:17,单击面板底部的"标记出点"按钮 ,如图11-33所示。

图11-33

04 将当前时间设置为00:00:14:06,完成视频的范围选取后,长按面板中的"仅拖动视频"按钮 ,将视频素材拖入"时间轴"面板的V1轨道中,并将素材持续时间设置为1秒2帧,如图11-34所示。

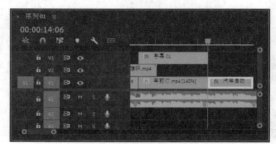

图11-34

05 添加"高潮前铺垫"素材箱中的素材详细分布表格如表11-4所示,如图11-35所示。

表 11-4

素材箱	名称	入点位置	出点位置	时间轴面板位置 （放置在时间线后方）	持续时间
高潮前铺垫	猛踩油门.mp4	00:00:00:12	00:00:02:03	00:00:15:08	00:00:01:16
	手握方向盘.mp4	00:00:00:01	00:00:01:06	00:00:16:24	00:00:01:05
	车速仪表盘.mp4	00:00:00:13	00:00:02:04	00:00:18:04	00:00:01:16
	车轮第一视角.mp4	00:00:00:12	00:00:00:12	00:00:19:20	00:00:01:05
	倒计时.mp4	00:00:16:24	00:00:18:01	00:00:21:00	00:00:01:02

图11-35

06 添加"高潮1"素材箱中的素材详细分布表格如表 11-5所示，如图11-36所示。

表 11-5

素材箱	名称	入点位置	出点位置	时间轴面板位置 （放置在时间线后方）	持续时间
高潮 1	漂移.mp4	00:00:00:02	00:00:00:24	00:00:22:02	00:00:00:22
	雪天公路.mp4	00:00:00:00	00:00:00:18	00:00:22:24	00:00:00:22
	雪地（1）.mp4	00:00:00:01	00:00:00:20	00:00:23:18	00:00:00:19
	雪山脚下.mp4	00:00:00:00	00:00:00:21	00:00:24:12	00:00:00:21
	雪地飞驰.mp4	00:00:00:00	00:00:01:08	00:00:25:08	00:00:01:08
	方向盘.mp4	00:00:01:11	00:00:03:04	00:00:26:16	00:00:01:18
	车轮.mp4	00:00:09:04	00:00:10:06	00:00:28:09	00:00:01:02
	雪地越野.mp4	00:00:01:01	00:00:01:15	00:00:29:11	00:00:00:14
	雪地越野.mp4	00:00:03:13	00:00:04:01	00:00:30:00	00:00:00:13
	雪地越野.mp4	00:00:03:02	00:00:03:18	00:00:30:13	00:00:00:16
	模拟飞车.mp4	00:00:00:02	00:00:00:14	00:00:31:04	00:00:00:12
	模拟飞车.mp4	00:00:02:03	00:00:02:20	00:00:31:16	00:00:00:17
	模拟飞车.mp4	00:00:04:13	00:00:05:06	00:00:32:08	00:00:00:18
	未来派高街.mp4	00:00:00:18	00:00:01:20	00:00:33:01	00:00:01:02

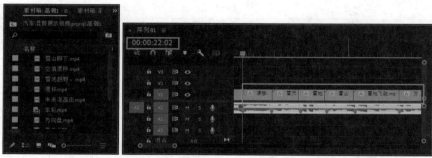

图11-36

07 添加"高潮2"素材箱中的素材详细分布表格如表 11-6所示，如图11-37所示。

表 11-6

素材箱	名称	入点位置	出点位置	时间轴面板位置 （放置在时间线后方）	持续时间
高潮 2	航拍公路 .mp4	00:00:00:00	00:00:00:22	00:00:34:03	00:00:00:22
	经过 .mp4	00:00:02:21	00:00:03:19	00:00:35:00	00:00:00:23
	德国乡间 .mp4	00:00:08:10	00:00:09:11	00:00:35:23	00:00:01:01
	汽车仪表盘 .mp4	00:00:00:00	00:00:00:24	00:00:36:24	00:00:00:24
	后视镜 .mp4	00:00:00:00	00:00:00:21	00:00:37:24	00:00:00:21
	开车空镜 .mp4	00:00:15:14	00:00:16:14	00:00:38:20	00:00:00:24
	开车空镜 .mp4	00:00:00:13	00:00:01:13	00:00:39:20	00:00:00:24
	开车空镜 .mp4	00:00:14:14	00:00:16:06	00:00:40:20	00:00:01:17

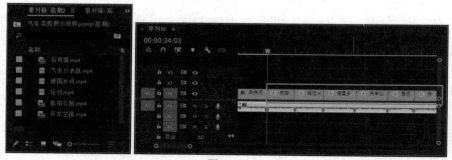

图11-37

08 添加"高潮3"素材箱中的素材详细分布表格如表 11-7所示，如图11-38所示。

表 11-7

素材箱	名称	入点位置	出点位置	时间轴面板位置 （放置在时间线后方）	持续时间
高潮 3	盘山 .mp4	00:00:00:01	00:00:00:16	00:00:42:12	00:00:00:15
	沙漠越野 .mp4	00:00:01:08	00:00:02:04	00:00:43:02	00:00:00:20
	驶出镜头 .mp4	00:00:01:12	00:00:02:22	00:00:43:23	00:00:01:11
	夜间行驶车辆 .mp4	00:00:01:12	00:00:02:13	00:00:45:09	00:00:01:01
	仪表盘 .mp4	00:00:00:03	00:00:01:01	00:00:46:10	00:00:00:23
	车轨光线 .mp4	00:00:03:02	00:00:03:24	00:00:47:08	00:00:00:22

（续表）

素材箱	名称	入点位置	出点位置	时间轴面板位置 （放置在时间线后方）	持续时间
高潮3	夜间行驶（1）.mp4	00:00:01:15	00:00:02:16	00:00:48:05	00:00:01:01
	车辆隧道.mp4	00:00:03:05	00:00:04:00	00:00:49:06	00:00:00:20
	行驶中仪表盘.mp4	00:00:00:05	00:00:01:01	00:00:50:01	00:00:00:22
	蓝色隧道.mp4	00:00:00:00	00:00:01:02	00:00:50:23	00:00:01:02
	隧道.mp4	00:00:01:24	00:00:03:14	00:00:52:00	00:00:01:15
	窗外.mp4	00:00:05:06	00:00:06:06	00:00:53:15	00:00:01:00
	日落.mp4	00:00:00:00	00:00:00:20	00:00:54:15	00:00:00:20
	光影车.mp4	00:00:05:21	00:00:06:11	00:00:55:10	00:00:00:15
	建模.mp4	00:00:00:03	00:00:00:23	00:00:56:00	00:00:00:20

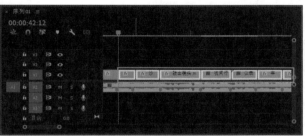

图11-38

11.4.2 添加制作场景转场效果

下面讲解本例的视频效果的制作，当剪辑中素材过多时，转场过渡过于单调，容易对画面产生审美疲劳，添加一些视频转场效果会让画面过渡更加流畅，给观众提供更舒适的视觉体验。

1. 添加"黑场过渡"转场效果

在"效果"面板中，搜索"黑场过渡"效果，将其拖曳添加至"开车空镜.mp4"素材结尾处，如图11-39所示，在"效果控件"面板中设置效果持续时间为00:00:00:10，如图11-40所示。

图11-39　　　　　　　　图11-40

2. 添加"BCC 缩放转场"转场效果

01 在"效果"面板中，搜索"BCC 缩放转场"效果，将其拖曳添加至"夜间行驶车辆.mp4"与"仪表盘.mp4"素材之间，如图11-41所示，在"效果控件"面板中设置效果"持续时间"为00:00:00:10，在"对齐"下拉菜单栏中选择"中点切入"选项，如图11-42所示。

图11-41

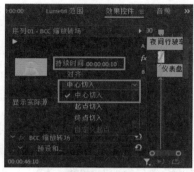

图11-42

02 在"效果"面板中，搜索"BCC 缩放转场"效果，将其拖曳添加至"夜间行驶（1）.mp4"与"车辆隧道.mp4"素材之间，如图11-43所示，在"效果控件"面板中设置效果"持续时间"为00:00:00:10，在"对齐"下拉菜单中选择"中点切入"选项，如图11-44所示。

图11-43

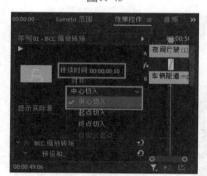

图11-44

3. 添加"缩放"动画和"Impact缩放模糊"转场效果

01 前后两段素材都是"隧道"，为了让两段视频更好地衔接过渡，将当前时间设置为00:00:51:06，选择"时间轴"面板中的"蓝色隧道.mp4"素材，

在"效果控件"面板中单击"位置"属性前的"切换动画"按钮 ◎，在当前时间点创建第1个关键帧，并将"位置"参数设置为640、360，单击"缩放"属性前的"切换动画"按钮 ◎，在当前时间点创建第1个关键帧，并设置"缩放"参数为100，如图11-45所示。

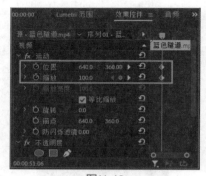

图11-45

02 将当前时间设置为00:00:51:20，然后修改"位置"参数为787、-38.5，创建第2个关键帧，修改"缩放"的数值为253，创建第2个关键帧，选中4个关键帧，右击，在弹出的快捷菜单中分别选择一次"临时插值→缓入"选项和"临时插值→缓出"选项，单击"位置"和"缩放"参数前的 ▶ 按钮，对控制点进行调整，如图11-46所示。

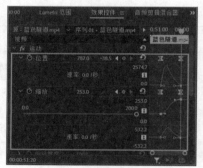

图11-46

03 在"效果"面板中，搜索"Impact缩放模糊"效果，将其拖曳添加至"蓝色隧道.mp4"与"隧道.mp4"素材之间，如图11-47所示，在"效果控件"面板中设置效果"持续时间"为00:00:00:10，如图11-48所示。

图11-47

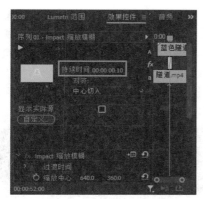

图11-48

04 效果如图11-49所示。

图11-49

11.4.3　添加汽车音效

下面讲解音效的制作。剪辑中只有背景音乐一条音轨，在播放时，体现不出汽车飞驰的激情与速度感，这里添加一些汽车行驶的音效，会让观众更有身临其境的体验感。

01 将当前时间设置为00:00:18:04，将"项目"

面板中的"音效"素材箱中的"跑车快起步中速长行.wav"素材拖入"源"监视器面板中，在"源"监视器面板中，设置当前时间为00:00:02:11，单击面板底部的"标记入点"按钮，设置当前时间为00:00:05:06，单击面板底部的"标记出点"按钮，如图11-50所示。

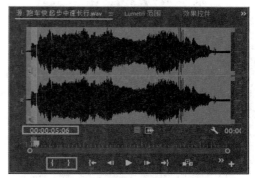

图11-50

02 完成音频的范围选取后，长按面板中的"仅拖动音频"按钮，将音频素材拖入"时间轴"面板的A2轨道中，放置在时间线后方，如图11-51所示。

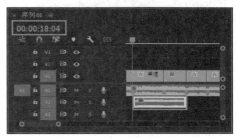

图11-51

03 将当前时间设置为00:00:22:02，将"漂移.wav"素材截取片段，设置入点为00:00:00:00，出点为00:00:00:21，长按面板中的"仅拖动音频"按钮，将音频素材拖入"时间轴"面板的A2轨道中，放置在时间线后方，如图11-52所示。

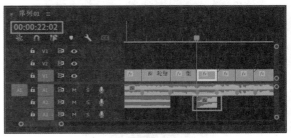

图11-52

04 将当前时间设置为00:00:28:09，将"漂移.wav"素材截取片段，设置入点为00:00:00:00，出点为00:00:01:02，长按面板中的"仅拖动音频"按钮，将音频素材拖入"时间轴"面板的A2轨道中，放置在时间线后方，如图11-53所示。

图11-53

05 将当前时间设置为00:00:31:16，将"快速.wav"素材截取片段，设置入点为00:00:00:00，出点为00:00:02:10，长按面板中的"仅拖动音频"按钮，将音频素材拖入"时间轴"面板的A2轨道中，放置在时间线后方，如图11-54所示。

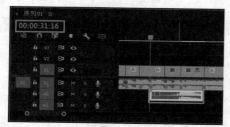

图11-54

06 将当前时间设置为00:00:35:00，将"汽车远来行驶过.wav"素材截取片段，设置入点为00:00:00:00，出点为00:00:02:02，长按面板中的"仅拖动音频"按钮，将音频素材拖入"时间轴"面板的A2轨道中，放置在时间线后方，如图11-55所示，并设置"持续时间"为00:00:00:23，如图11-56所示。

图11-55

图11-56

07 将当前时间设置为00:00:43:23，将"汽车远来行驶过.wav"素材截取片段，设置入点为00:00:00:16，出点为00:00:02:01，长按面板中的"仅拖动音频"按钮，将音频素材拖入"时间轴"面板的A2轨道中，放置在时间线后方，如图11-57所示。

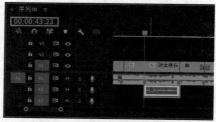

图11-57

08 将当前时间设置为00:00:50:23，将"过隧道.wav"素材截取片段，设置入点为00:00:00:00，出点为00:00:02:02，长按面板中的"仅拖动音频"按钮，将音频素材拖入"时间轴"面板的A2轨道中，放置在时间线后方，如图11-58所示。

图11-58

11.5　制作片尾

本例的片尾效果比较简单，主要通过在对应时间点创建结束字幕和在背景音乐结尾处添加淡出效果来完成整个效果的制作。下面讲解具体制作方法。

11.5.1　添加片尾字幕

01 将当前时间设置为00:00:56:00，执行"文件→新建→旧版标题"命令，弹出"新建字幕"对话框，保持默认设置，创建"字幕02"素材。进入"字幕"面板，使用"文字工具"T在工作区域内输入文字Passion，然后在右侧的"旧版标题属性"面板中设置字体、文字大小和颜色等参数，并将文字对象摆放在合适位置，如图11-59所示。

02 关闭"字幕"面板，回到Premiere Pro工作界面。将"项目"面板中的"字幕02"素材拖入"时间轴"面板中的V2视频轨道上，放置在时间线后方（此时时间线位于00:00:56:00位置），并调整该素材的持续时间为2s，如图11-60所示。

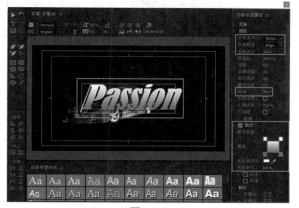

图11-59

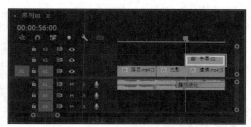

图11-60

03 在"时间轴"面板中选择"字幕02"素材，进入"效果控件"面板，在00:00:56:04时间点单击"缩放"属性前的"切换动画"按钮，创建第1个关键帧，并将"缩放"参数设置为0；将当前时间设置为00:00:56:19，然后修改"缩放"参数为100，创建第2个关键帧。选中两个关键帧，右击，在弹出的快捷菜单中分别选择一次"缓入"选项和"缓出"选项，改变关键帧状态，使运动更加顺滑，如图11-61所示。

图11-61

11.5.2 添加片尾音频淡出效果

在"效果"面板中，搜索"指数淡化"效果，可以使音乐声音逐渐淡出，将其拖曳添加至"背景音乐.mp3"素材的结尾处，此时，"时间轴"面板中素材的分布效果如图11-62所示。

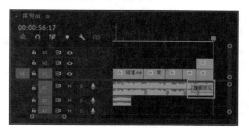

图11-62

11.6 输出视频

完成所有素材的编辑处理后，可在"节目"监视器面板中预览视频效果。如果对影片效果满意，可以使用快捷键Ctrl+S将项目进行保存，然后将剪辑进行导出，输出为所需格式，便于分享和随时观赏。

01 执行"文件→导出→媒体"命令，或使用快捷键Ctrl+M，弹出"导出设置"对话框，在"格式"下拉列表中选择"H.264"选项，如图11-63所示。

图11-63

02 展开"预设"下拉列表，选择"Mobile Device 720p HD"选项，如图11-64所示。

图11-64

03 单击"输出名称"右侧文字，在弹出的"另存为"对话框中，为输出文件设定名称及存储路径，如

图11-65所示，完成后单击"保存"按钮。

图11-65

04 在"导出设置"对话框中还可以在其他选项中进行更详细的设置，设置完成后单击界面右下角的"导出"按钮，影片开始导出，如图11-66所示。

图11-66

05 导出完成后可在设定的计算机存储文件夹中找到输出的MP4格式视频文件，并预览案例的最终完成效果，如图11-67所示。

图11-67